大容量短路电流
抑制与开断技术现状及展望

主 编 王 勇 莫文雄 苏海博 刘俊翔

华南理工大学出版社
SOUTH CHINA UNIVERSITY OF TECHNOLOGY PRESS
·广州·

图书在版编目（CIP）数据

大容量短路电流抑制与开断技术现状及展望/王勇等主编 . —广州：
华南理工大学出版社，2018.4
ISBN 978 - 7 - 5623 - 5586 - 1

Ⅰ. ①大…　Ⅱ. ①王…　Ⅲ. ①短路电流 - 分断能力 - 研究
Ⅳ. ①TM1

中国版本图书馆 CIP 数据核字（2018）第 061520 号

Darongliang Duanlu Dianliu Yizhi Yu Kaiduan Jishu Xianzhuang Ji Zhanwang
大容量短路电流抑制与开断技术现状及展望

王勇　莫文雄　苏海博　刘俊翔　主编

出 版 人：卢家明
出版发行：华南理工大学出版社
　　　　　（广州五山华南理工大学 17 号楼，邮编 510640）
　　　　　http://www.scutpress.com.cn　E-mail：scutc13@scut.edu.cn
　　　　　营销部电话：020 - 87113487　87111048（传真）
策划编辑：赖淑华
责任编辑：骆　婷　赖淑华
印 刷 者：广州市新怡印务有限公司
开　　本：787mm×1092mm　1/16　印张：5.5　字数：88 千
版　　次：2018 年 4 月第 1 版　2018 年 4 月第 1 次印刷
定　　价：28.00 元

编 辑 委 员 会

前　言

随着社会经济迅速发展，电网规模持续扩大，互联程度增加，大型电站不断接入，我国电网短路电流水平已逐渐接近现有断路器遮断容量上限。特别是三大负荷中心"京津唐、长江三角洲、珠江三角洲"的电网短路电流水平增加尤为突出，部分地区的系统短路电流已超过了断路器遮断容量，多个变电站短路电流严重超标，已成为威胁电网安全稳定运行的重大隐患。鉴于这一严峻的现实状况，高压、大容量短路电流抑制与开断技术研发已成为大型电网企业必须面对和完成的重大技术课题。

为限制短路电流，近年来，国内外科研单位和电网企业在大容量短路电流开断装置以及故障电流限制装置的研究、应用上投入了大量的人力物力，相关技术发展十分迅速，不但传统的限流装置如高阻抗变压器、变压器中性点小电抗器等得到较多应用，而且出现了超导型、串/并联谐振型、高耦合分裂电抗型、磁饱和开关型等多种新型故障电流限制器，并在电力系统中得到应用。

半个世纪以来，限流器的研究、设计、开发虽然取得重大进展，部分样机已进入试验示范阶段，但总体而言，限流器的商业化应用却举步维艰。国际大电网会议 WG A3－10 工作组的评估报告指出：40 多年来，尽管各国对限流器的研究表现出浓厚兴趣，但绝大多数面向市场的限流器产品研发进展缓慢，要广泛实现限流器的商业化应用，还需要解决一系列挑战性的难题。

此外，短路电流限制装置虽然可以有效降低电网短路电流水平，但也会不同程度地削弱电网运行的可靠性和灵活性，其自身的安全可靠运行也可能影响电网的安全裕度和供电可靠性，甚至威胁电网的安全稳定运行。因此，电网企业迫切需要详细了解各类大容量短路电流抑制与开断装置研究的现状、优缺点及发展方向，以指导企业开展该方面的研究与应用工作。

本书在总结国内外多家科研机构、大专院校、电网企业开展大容量短路电流开断装置研究与应用工作的基础上，对大容量短路电流抑制与开断装置的研究现状进行了阐述，分析了各类开断装置、限流装置的技术特点，总结了已有装置可能的优缺点及现场运行情况，以期与电网企业同仁共勉，开展这方面的交流。

本书在编写过程中，中国电力科学研究院、中国科学院电工研究所、华中科技大学、西安交通大学、西安高压电器研究院有限责任公司、西安西电电气研究院有限责任公司、西安西电变压器有限责任公司、中国南方电网电力科学研究院有限责任公司、中国南方电网生产技术部、广东电网公司电力科学研究院、广州供电局生产技术处等相关部门、单位协助提供了部分资料，编写时还参考了相关书籍，引用了有关文献及研究报告等材料，在此，对相关单位、作者及技术人员表示衷心的感谢。

由于作者水平有限，书中难免有不妥和不足之处，恳请读者批评指正。

编　者
2018 年 1 月 31 日

目　录

第1章 短路电流抑制与开断技术需求

1.1 短路电流超标问题现状

近年来，随着我国电力建设的不断发展、用电负荷的不断增加、低阻抗大容量变压器的应用、发电厂及发电机单机容量的不断增大以及大规模电网的互联等，电力系统中的短路电流水平不断提高，特别是我国三大负荷中心"京津唐、长江三角洲、珠江三角洲"成为短路电流超标问题最为突出的地区，已有大批变电站短路电流达到甚至超过断路器遮断容量，严重威胁到系统的安全运行。

1. 南方电网公司短路电流超标问题现状

为满足南方电网五省区电力负荷快速增长的需要，南方电网装机容量和各电压等级网架建设高速发展，系统容量不断增大，电网结构日趋紧密。在满足负荷快速增长和可靠稳定供电需求的同时，南方电网的短路电流水平也迅速提高。以广州电网为例，广州电网位于南方电网西电东送受端负荷中心，是天广直流、云广直流落脚点。近年来，随着电网规模的不断扩大和网架结构的不断完善，广州电网的供电能力及供电可靠性逐步提高。同时，受电源不断投产、网络结构进一步密集、负荷水平持续增长等因素的综合影响，广州电网的短路电流水平呈持续增长的趋势，短路电流超标问题已成为影响广州电网安全稳定运行的主要问题之一。

以广州为例，按照2014—2020年规划网架，在不采取措施的情况下，短路电流分布情况的计算结果见表1-1~表1-4。

表 1－1　2013 年广州电网 500kV 变电站母线短路电流

单位：kA

变电站名称	500kV 母线		220kV 母线	
	三相短路电流	单相短路电流	三相短路电流	单相短路电流
北郊站	63.1	60.1	33.8	39.7
增城站	62.0	63.3	64.6	57.7
狮洋站	30.8	26.1	42.3	36.0
花都站	57.8	53.4	42.5	37.5
木棉站	27.6	21.4	63.1	53.0
广南站 1M2M	43.8	39.3	50.8	41.7
广南站 5M6M	—	—	61.1	45.9

表 1－2　2014 年广州电网 500kV 变电站母线短路电流

单位：kA

变电站名称	500kV 母线		220kV 母线	
	三相短路电流	单相短路电流	三相短路电流	单相短路电流
北郊站	63.6	60.3	34.2	41.5
增城站	61.0	62.2	70.1	60.5
狮洋站	60.7	51.9	46.5	38.4
花都站	59.1	53.4	46.5	39.1
木棉站	33.0	28.8	69.3	71.2
广南站 1M2M	48.9	41.2	54.5	44.9
广南站 5M6M	—	—	61.2	47.6

表 1－3　2015 年广州电网 500kV 变电站母线短路电流

单位：kA

变电站名称	500kV 母线		220kV 母线	
	三相短路电流	单相短路电流	三相短路电流	单相短路电流
北郊站	66.4	61.0	54.0	51.7
狮洋站	65.7	54.0	47.4	34.6
花都站	60.7	55.3	39.3	31.4
木棉站	33.5	28.4	80.0	72.6
广南站 1M2M	51.3	43.0	56.0	44.2
增城站 1M2M	62.0	60.0	65.0	54.0
穗东站 1M2M	55.8	50.2	24.1	22.6

表 1-4 2016 年广州电网 500kV 变电站母线短路电流

单位：kA

变电站名称	500kV 母线		220kV 母线	
	三相短路电流	单相短路电流	三相短路电流	单相短路电流
北郊站	68.58	58.357	74.00	69.51
狮洋站	27.533	54.0	51.15	51.15
花都站	60.06	51.365	64.33	64.33
木棉站	30.198	25.505	86.96	85.82
增城站 1M2M	67.266	63.127	74.62	62.19

由以上 4 表可见，受电源不断投产、网络结构进一步加强、负荷水平持续增长等因素的综合影响，广州电网短路电流超标问题突出。为限制短路电流，广东电网已采取 23 回 220kV 线路开环运行、多站分母、500kV 主变加装中性点小电抗等措施。其中 500kV 广南站和增城站被迫长期分母运行，供电可靠性和事故处理灵活性下降；220kV 罗涌站长期分母运行，存在线路 N-2 导致 2 个 220kV 失压风险，降低了电网的安全裕度和供电可靠性。即使采取 500kV 线路停运、跳通或 220kV 分区供电等措施限制短路电流后，增城站、广南站 220kV 短路电流仍接近开关额定遮断容量，若因设备老化或其他异常导致开关实际遮断能力降低，一旦电网发生故障而开关拒动，将导致多回直流持续换相失败甚至闭锁引发南方电网失稳的严重后果。

作为我国"西电东送"工程重要组成部分的南方电网具有以下特点：电源相对集中，结构日益紧密，送电规模和距离增大，强直弱交且落点集中。随着广东 500kV 内外双回路环网的形成，环网上变电站间的距离将缩短至 30km 左右，部分厂站 500kV 电网短路电流也将超过 63kA。广东电网在 220kV 及以上电网保持全接线运行方式下，北郊站、深圳站、江门站 500kV 母线三相短路电流均超过开关额定遮断电流，刚完成开关增容改造的东莞站、罗洞站 500kV 母线三相短路电流也升至 60kA 及以上。珠江三角洲地区绝大部分 500kV 变电站 220kV 母线短路电流超过开关额定遮断电流，其中个别变电站短路电流高达 99kA。

随着"十二五"期间新建变电站和电源的大量接入，南方电网网架结构愈发紧密，短路电流超标问题愈加严重，成为影响南方电网安全稳定运行的重要因素。为限制短路电流，调度运行部门不得不采取断线、跳通等方式以限制 500kV 侧短路电流，采取断线、切主变、母线分列等方式限制 220kV 侧短路电流。但是以上方式显著降低了电网的安全裕度和供电可靠性，降低了资产的利用效率，甚至威胁电网安全稳定运行。如，为确保西电可靠消纳，广东电网罗北双线开断一回运行等限制短路电流措施无法采用；为限制短路电流，广东沙荆双线、荆鹏双线、鹏深双线、安鹏双线均被迫单回运行，不但网架削弱严重，抵御严重故障能力降低，同时还将导致部分地区限电，等等。

2. 国家电网公司短路电流超标问题现状

与南方电网公司一样，国家电网公司的系统也存在突出的短路电流超标问题。华东电网 500kV 枢纽变电站母线短路电流超标问题是近十余年来困扰华东电网运行的主要因素之一。2006 年，华东电网统调装机容量为 13889 万 kW。华东电网公司调查了 2000—2005 年华东 500kV 电网短路电流情况，分析了系统时间常数、短路电流幅值、故障性质等因素。调查结果显示 85.7% 的故障电流不到 20kA，实际上发生的最大短路电流幅值为 50.86kA，说明在当时的运行方式下可以将短路电流控制在 63kA 水平以下，持续时间也满足系统要求。

但是截至 2013 年底，华东全网统调装机容量已增至 22489 万 kW。华东电网 2014 年度分析报告显示，2014 年，上海、浙北、江苏等局部地区短路电流超标问题严重。为了限制短路电流，2014 年夏季，上海出串和拉停线路数量与 2013 年底一致，江苏电网比 2013 年底新增拉停一回线路，浙江电网采取"三出串、两拉停"的控制措施。上海 500kV、江苏 500kV、浙江 500kV、浙江 220kV、安徽 220kV、福建 220kV 电网在 2014 年夏季高峰、冬季高峰全部采用了拉停限电的短路电流抑制措施。这一系列措施导致电网的可靠性降低，并且增加了电网运行的复杂程度，尤其是发生重要线路故障跳闸或设备检修时，电网的调整难度非常大，输电能力下降，影响了系统的抗风险能力。2014 年华东电网 500kV 枢纽变电站短路电流水平如表 1-5 所示。

表 1-5　2014 年华东电网 500kV 枢纽变电站短路电流水平分析

单位: kA

地点	采取措施		不采取措施		开关遮断容量
	年中	年底	年中	年底	
黄渡	49.58	53.89	72.25	69.60	63
徐行	61.44	58.48	76.37	68.86	63
石二厂	45.37	38.21	52.01	44.86	50
杨行	59.30	45.59	72.08	58.36	63
外二	57.99	50.54	69.74	54.98	63
杨高	51.73	51.55	58.96	54.97	63
顾路	61.26	56.26	73.50	63.57	63
远东	59.37	58.19	64.44	60.50	63
泰兴	61.47	61.35	62.92	62.90	63
石牌	61.32	61.68	76.48	75.19	63
瓶窑	62.34	60.69	78.69	80.38	63
仁和	60.71	60.71	63.54	71.35	63
乔司	61.61	61.18	69.31	75.60	63
由拳	49.12	48.92	63.38	65.74	63
王店	57.80	61.29	80.14	82.34	63
兰亭	56.28	54.45	65.97	66.92	63
风仪	58.97	53.10	61.98	64.30	63

注: 当 500kV 母线单相短路电流水平大于三相时, 上表列出较大值。

2014 年冬季, 随着浙福交流 1000kV 特高压交流输电工程和方家山核电第二台机组的投运, 浙北短路电流进一步攀升。特别是近年来, 华东区域将构建特高压交直流混联电网, 以 1000kV 特高压交流输电线路联结上海、江苏、浙江、安徽和福建电网, 并通过多回特高压直流与华中电网相联, 电网结构的调整和新的电源接入将引起华东电网短路电流控制策略的变化。

华北电网、华中电网等国家电网同样存在短路电流超标以及断路器容量不足的问题。

华北电网方面，2009 年北京的安定变电站 500kV 侧三相短路电流就已达到 55.57kA，而其开断装置的额定容量才 50kA。随着电网规模的不断扩大，京津及冀北 500kV 电网短路电流超标问题更为突出。2015 年京津及冀北电网 500kV 厂站最大短路电流越限（63kA）的有安定、霸州、滨海、吴庄等变电站，为控制短路电流，正常运行方式下需要断开多条 500kV 线路，一定程度上影响了系统运行方式的灵活性，削弱了电网抵御严重故障冲击的能力。

"十三五"期间，特高压变电站的接入对周边 500kV 变电站短路电流影响显著，京津及冀北电网 500kV 三相短路电流水平较高的问题也愈加凸显。经计算，顺义、通州等多站点短路电流接近或超过 63kA。

华中地区，例如湖北电网，"十一五"期间，随着三峡工程 26 台机组全部投产和特高压试验示范工程正式投运，短路电流水平日益攀升。根据湖北电网 2015 年网架结构规划，考虑"三华"联网，采用中国电力科学研究院电力系统分析综合程序 psasp 6.28 软件对全网各母线节点的短路电流进行仿真计算分析，主要 220kV 母线节点短路电流见表 1 - 6，主要 500kV 母线节点短路电流见表 1 - 7。

表 1 - 6　2015 年湖北电网主要站点 220kV 母线短路电流

母线名称	短路电流/kA
光谷 220kV	62.56
木兰 220kV	55.83
玉贤 220kV	53.10
李家墩 220kV	50.48
磁湖 220kV	53.88
樊城 220kV	52.51
孝感 220kV	52.41

表 1-7 2015 年湖北电网主要站点 500kV 母线短路电流

母线名称	短路电流/kA
荆门 550kV	70.48
斗笠 550kV	66.55
江陵 550kV	64.09
团林 550kV	61.90
武汉 550kV	64.72
道观河 550kV	66.93

随着"十二五"期间湖北电网规划建设项目的逐步建成投产，部分站点 220kV 短路电流持续增加。通过计算，2015 年湖北电网短路电流超标的 220kV 母线有 7 条，分别是光谷 220kV、木兰 220kV、玉贤 220kV、李家墩 220kV、磁湖 220kV、樊城 220kV、孝感 220kV。

西北电网方面，2012 年底宁夏 330kV 系统中，三相短路电流最大的母线为银川东变电站 330kV 母线，其短路电流为 55.51kA；单相短路电流最大的母线为银川东变电站 330kV 母线，其短路电流为 64.53kA，达到断路器遮断容量的 102.4%。根据宁夏电网"十二五"主网架规划，2015—2020 年宁夏电网形成 750kV 双环网结构，建成宁东—浙江 ±800kV 特高压直流输电、陕西—宁夏 750kV 联网等工程，大规模的外送及内用电源接入宁夏电网，宁夏电网短路电流水平大幅提高，具体见表 1-8。

表 1-8 2015 年 750kV 变电站母线最大短路电流

站名	母线电压/kV	开关容量/kA	短路电流/kA	
			三相	单相
银川东	750	50	45.6	46.9
	330	63	64.0	74.0
黄河	750	50	47.4	43.6
	330	63	49.2	54.4
贺兰山	750	50	28.1	28.5
	220	63	42.9	50.7

站名	母线电压/kV	开关容量/kA	短路电流/kA	
			三相	单相
沙湖	750	50	24.8	21.3
	220	63	56.4	60.7
太阳山	750	50	28.7	25.7
	330	63	49.3	58.0

由此可见，随着电网容量不断增加，网络结构越来越复杂，负荷越来越集中，电网枢纽点的故障短路容量不断提升，这是我国电网公司普遍存在的问题。随着电网规模的持续扩大，上述问题有加剧的趋势。

3. 国际上短路电流超标问题现状

国外也有部分国家，如亚洲的日本、印度，欧洲的瑞典、丹麦等国家的电网短路电流超标。瑞典、丹麦、挪威等已经用上了 80kA 的断路器，如瑞典继续发展 400kV 电网，短路容量已经达到 60kA。南方电网公司关于印度北部 2012 年 7 月 30 日大停电事故的报告指出，印度当前各大区电网的短路水平已较突出，将来会更高，ER（东部）最大达 100kA，NR（北部）和 SR（南部）达 87kA，WR（西部）达 80kA，将对电网构成威胁。但是也有些国家相对我国来说问题比较轻，例如，英国一年才几条到十几条母线出现短路电流超标的问题。

1.2 短路电流抑制与开断技术需求

1. 短路电流超标问题的危害及常见应对措施

电力工业是保证国民经济发展的重要基础产业，电力系统的安全稳定运行，是国民经济持续发展的根本保证。然而，因为各种意外情况，电网常会发生短路故障。短路电流过大，不但会使电力企业经济效益受损，而且对电力用户和全社会都将造成严重的影响。短路电流的大小关系到短路故障对电力系统破坏的严重程度。如 2003 年 8 月 14 日美国加州用电高峰期间，因高压电线下垂，触到树枝而短路；随后，俄亥俄州的一家发电厂因此下线，伴随的连锁故障导致大面积停电，其影响波及 240 万平方千米、5000 万人口的用电，造成了每天 300 亿美元的巨大经济损失。

目前电网短路电流超标日趋严重的问题，给电网安全运行带来了不可控的影响。发生短路时，系统阻抗迅速减小，流过短路点的电流迅速增加，开关、刀闸、电流互感器、母线等电气设备需要承受较大的短路电流冲击，短路电流产生的热效应会破坏电气设备的热稳定；而暂态过程中的短路冲击电流将在电气设备上产生一个超过设备耐受极限的电动力，从而破坏电气设备的动稳定。短路电流增加会造成设备温度升高，接线端子过热，加剧设备的绝缘老化，降低设备使用寿命。

传统的限流措施主要从电网结构、系统运行方式以及设备三方面着手，归纳起来有以下几类方法：

(1) 发展高电压等级的电力系统，将低电压等级电力系统解列分片运行。发展高电压等级电网能够限制短路电流，在一些国家也有相关使用经历，但是其造成了电网供电可靠性和运行灵活性的降低，同时投资较大。如果将珠江三角洲主网改造成为特高压电网，估算投资将超过数百亿元。此外采用更高电压等级电网还会造成环境问题，电磁污染即是一个不容忽视的问题。高一级电压发展之后将低压电网分片运行，尽管也可得到明显的限流效果，但是系统的安全裕度却大大下降，另外运行操作及事故处理的灵活性也受到了限制。

(2) 采用多母线运行或母线分段运行。该措施对制约短路电流增加也比较有效，但是有两大缺点：一是使得系统设备承受的潮流不均；二是母线在分裂运行及恢复并联运行前后，周边电网的继电保护值可能会受到影响或干扰，从而影响继电保护动作的正确性。

(3) 尽量减少互联网络的紧密性，如采用直流联网等。直流背靠背技术是将已有的交流系统适当分片，将电网分成几个相对独立的交流系统，避免系统间相互的短路电流。不过在直流输电联网时，其两端换流设备的投资很大。例如，要将广东电网解列，通过直流互联，估算投资需要 40 亿～50 亿元。

(4) 安装串联电抗器、分裂电抗器、高阻抗变压器等。串联电抗器技术不适用于较高电压系统，在系统正常运行时，电抗器上会存在电压降落及一定损耗，不但限制了线路的传输容量，也使得电能质量受到影响。此外，限流电抗器的具体取值也受到相应约束，导致短路电流的抑制效果不会太明显。高阻抗变压器是通过增加系统阻抗的方式来实现限流目的的，但是在提高变压器阻抗的同时，需要对绕组的漏磁、导线损耗及温升均进行严格控制，而该装置的引入也会导致电压降落并产生无功损耗。

（5）采用熔断式保护器。熔断器具有结构简单、使用方便、价格低廉等优点，在低压配电系统中被广泛应用。但是熔断器的反应速度较慢，动作时间较长，不能迅速地切断电源，而且保护功能单一，故障熔断后必须更换熔断体，不利于电网的维护。

（6）开发大容量断路器。采用更大容量的断路器也是解决短路电流超标问题的可行方案之一。据测算，开断电流 80kA 断路器的应用可较好地解决广东电网短路电流超标的问题，通过提升短路电流水平可恢复部分片区解除运行的联络线，提高电网的可靠性；同时还能够替代限流线圈，减少限流器本身造成的电能损耗，降低运行维护的复杂性。而且，提升短路容量也为电网的进一步发展预留了足够的容量。目前，ABB 公司已开发出 80kA 断路器，包括瓷柱式断路器和罐式断路器两个类型。两个系列均有 252kV 和 550 kV 等多个电压等级的产品，动稳定电流均为 200kA（216 kA），能够满足一段时间电网的发展需求。

但是，采用更高容量断路器牵涉到变电站诸多设备更换，隔离刀闸与接地开关、互感器、避雷器、母线等配套设备，均应换为动稳定电流为 200kA 的设备；另外，接地短路电流的增大，还有可能需要对接地网进行升级改造，费用将比较昂贵。此外，单纯地依靠提高断路器的遮断能力来解决问题是不切实际的，一是从技术和经济角度来看，遮断容量不可能一直提高；二是提高遮断容量的同时也意味着设备造价的上升，如 80kA 的断路器造价约为 63kA 断路器的 1.8 倍，另外还将涉及改造或更换现有的开关设备，总的投入资金将会比较大。

（7）采用故障电流限制器（Fault Current Limiter，FCL）。故障电流限制器的概念于 20 世纪 70 年代被首先提出，其基本思想为：快速检测即将出现的短路电流峰值，并提前采取措施将其限定在较低水平，以满足已有断路器在不超过其切断能力的前提下切断短路故障。FCL 是一种串联接在系统中的电气设备，在系统正常运行时它呈现出较低阻抗，在故障运行时转而呈现高阻抗以进行限流操作。

相对于环网解裂、母线分段、固定串联电抗、高阻抗变压器等常规技术措施,故障电流限制器同样会对电网运行带来一定的负面影响,但是其可以限制短路电流的幅值,减少短路电流产生的热效应和电动力对设备动热稳定的影响,更利于断路器的开断。因此,采用故障电流限制器在一定程度上可以提高整个短路电流开断装置的开断能力,同时降低大容量短路电流对系统中其他设备的影响,已成为应对故障电流快速增长的一种重要技术手段。

2. 短路电流抑制与开断技术需求分析

随着经济的发展,电网容量不断增加,电网结构越来越复杂,负荷越来越大、越来越集中,电气距离越来越短,许多电网的中心节点短路电流超标问题日益突出。

中南电力设计院关于三峡近区电网相关运行问题的研究报告指出,2015 年三峡近区荆门特高压电网短路电流计算值高达 71.7kA,而三峡电站可能的最大短路电流周期分量将达 300kA,一些大型发电厂出口或厂站高压变电站出口的最大短路电流可能达到 100 ~ 200kA,而国际上生产的 100kA 的 GIS 已属最大容量,国内尚无能力生产。

浙江电网的瓶窑、南桥、斗山、黄渡和兰亭等一些 500kV 老变电所 2003 年短路电流就已超过或接近 50kA,为了限制短路电流超标,采取了部分 220kV 电网解列的分层分区运行措施,但要真正解决问题,需要在 220kV 电网完全解环的基础上采取措施,而这无疑将大大降低系统供电的可靠性。2012 年,华东电网 500kV 母线短路电流超标问题已十分严重,500kV 母线短路电流超标厂站数达到 18 个,其中武南站短路电流达 100kA。为缓解短路电流超标问题,华东公司多措施并举,采取了更换大容量开关等有力措施。长江三角洲负荷中心枢纽变电站已全部采用遮断电流为 63kA 的开关。2013 年武南脱出工程实施后,苏南变电站短路电流大幅下降,其中武南站短路电流由 100kA 下降至 54kA,2013 年全网最大短路电流下降至 75kA。研究华东电网规划,特别是上海网 2020 年规划了解到,现在的 500kV 网架短路容量也难以同步满足电网发展需要,对短路电流抑制与开断技术也提出了更高的要求。

另一方面,目前我国电网有采用 110kV 直配 10kV(或 220kV 直配 20kV)的发展趋势,如南方电网公司已计划实施 110kV 直配 10kV 的配电网建设方案，杭州电力公司也准备开展110kV直配10kV（或220kV直配20kV）的试点工程等。采用110kV直配10kV（或220kV直配20kV）的配电方案，可有效提高供电可靠性、供电质量和降低线路损耗等，但它在10kV（20kV）侧短路电流过大，目前还没有相应大容量断路器可供选配。

此外，新能源的接入，特别是风力发电的输送，由于其具有间歇性的特点，电流不稳定，冲击较大，也要求开断装置具有较大的短路电流开断水平。

因此，寻找有效的短路电流抑制与开断途径，研究、开发和应用大容量短路电流抑制与开断装置，提高其工作可靠性和延长其使用寿命，提高电力系统运行的可靠性，已成为目前我国电力系统安全稳定运行和电力建设、发展迫切需要解决的问题。

第2章　大容量短路电流开断装置研发进展

2.1　国内外大容量短路电流开断方法研究

鉴于短路电流超标问题现状，提高断路器开断容量是可行的途径之一。近年来，国内外电工企业和科研机构在大容量开关的研究上做了大量工作，并提出了多种方法来研究断路器的开断性能。由于大电流开断断路器的制造属极端制造技术，受材料、加工工艺等方面的诸多限制，进一步提高现有单体断路器的开断容量，具有较高的技术难度。

目前国内外关于大容量短路电流开断装置的研究，主要是从提高单体断路器的开断能力入手。对于真空断路器，从简单的平板对接式触头结构发展到各种形式的横磁吹弧和纵磁吹弧结构，SF_6断路器的各种压气与吹弧方式等，都对提高断路器的开断能力发挥了重要的作用。

SF_6断路器从20世纪80年代进入中国以后，逐渐占据开关电器的主导地位。近年来国内断路器发展经历了双压式SF_6断路器、单压式SF_6断路器、自能式SF_6断路器等几个阶段，自能式断路器以其小操作功、无油化的优点深受广大用户青睐。但在今后相当长的时间内，压气式断路器以其开断容量大、可靠性高等优点，在超高压、特高压领域仍将占据不可替代的地位；同时压气式灭弧室也已融入自能式的灭弧原理，在压气式的基础上增强了热膨胀效应，合理地利用了喷口的电弧堵塞效应，从而大幅度提高了自身的开断性能。比如，ABB公司已经开发出单断口压气式SF_6断路器，额定开断容量达到了80kA。

日立公司为提高高压断路器开断容量，开发额定容量80kA的断路器，提出了在高压断路器上并联电容器的方案，并结合实验与仿真展开研究。首先，用一台 SF₆ 断路器进行了大量 50kA 短路电流开断实验，并利用高精度电流零区测量装置测试电流零区特性，进而得到相应的电弧模型参数；再利用电弧模型计算确定断路器开断 80kA 短路电流所需并联的电容器大小；最后，通过 80kA 短路开断实验验证了仿真计算方法与断路器并联电容器方案的有效性。

电弧模型基于柯西－麦也尔模型，对电弧采取分断处理，包括三个时间段，即慢速、中速和快速阶段，如图2－1所示。其中电弧参数有电弧时间常数和能量耗散系数，通过 50kA 短路电流开断实验得到。基于该分断电弧模型，仿真研究估计了断路器并联电容与所能开断的极限电流变化率 di/dt 的关系，如图2－2所示，进而可确定开断 80kA 短路电流所需并联的电容值。此外，依据得到的结论，选取两个有代表性的电容器(一个大于临界电容值、一个小于临界电容值)进行试验，试验结果与仿真结论相符(但该原理并未在工程中得到应用)。

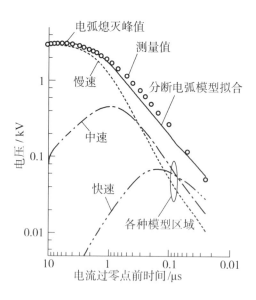

图 2－1　分断电弧模型

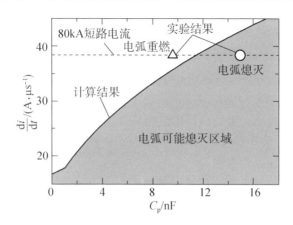

图 2 - 2　极限 di/dt 与并联电容值的关系

日本 AE 帕瓦株式会社提出一种小型的、可增大额定电流并能实现高电压大容量化的高电压大容量断路器。其原理如图2 - 3所示，首先，使第三开关部开路，使要切断的电流流过第一开关部和第二开关部的串联部分；接着，构成第一开关部的真空断路器开路，电极之间达到既定开距，进行电流开断的同时耐受加在电极之间的过渡电压；之后第二开关部开路，第二开关部为与真空断路器相比具有更大开距的气体开关，由它耐受更高的脉冲电压。实际上，由于真空断路器能耐受的最高电压有限，尽管通过串联气体开关来耐受脉冲电压，但断路器仍然难以做到252kV/63kA 及以上的开断容量。

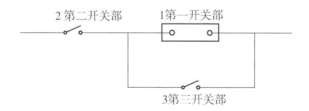

图 2 - 3　高压大容量断路器原理图

故障电流相控开断技术也是近年来的重要研究方向。对于定型的断路器灭弧室，其极限开断电流 I_b 和使用寿命主要受输入触头间隙电弧

能量和触头电磨损的影响。燃弧期间，电弧消耗能量的表达式为

$$W = \int_{t_s}^{t_e} u_{arc}(t) \cdot i(t) \, dt$$

式中，t_s 为触头分离，电弧开始燃烧时刻；t_e 为电弧熄灭时刻；$u_{arc}(t)$ 为弧压；$i(t)$ 为电弧电流。

由上式可看出，采用故障电流相控开断技术，通过控制断路器燃弧时间（$t_e - t_s$），使电弧经过最小燃弧时间熄灭，可以有效提高断路器的极限开断电流和使用寿命。

短路电流过零点精确相控开断技术，是基于短路电流的快速识别、过零点快速预测技术以及精确相控技术。短路故障快速识别是将电流瞬时值和电流变化率同时越线作为判据，实现短路电流有效值的快速预测；在预测出短路电流的有效值后，则可基于基波正弦理论预测出短路电流的过零时刻。

为了准确测量电流零区特性，荷兰 KEMA 实验室专门研制了一套电流零区测试系统，并用此设备对 SF_6 断路器进行了大量实验，提出可以应用电流过零前 200ns 的电弧电导 G200 作为判断热开断的标准，为电弧零区仿真分析提供了实验基础。

我国西安交通大学的研究人员也在高压断路器开断性能提升方面展开了一系列仿真和实验工作。在热开断性能方面，利用高精度电流零区测试系统精确测量了断路器开断短路电流时的电流零区特性，并分析了关键影响因素。在弧后电击穿特性研究方面，基于玻尔兹曼解析法研究了 SF_6 及其混合气体的热态电击穿特性，进而对高压气体断路器的弧后电击穿特性展开探讨，实现了弧后灭弧室内各区域电击穿发生概率的实时评估。

大连理工大学在现有的真空断路器、SF_6 断路器和光电控制基础上，提出了一种光控模块式混合型断路器。混合型断路器利用真空断路器强灭弧和 SF_6 断路器强绝缘的特性，将真空灭弧室和 SF_6 灭弧室串联后，通过光电控制实现两个灭弧室动作的配合。该方法可以根据电压等级选配不同参数的真空断路器模块和 SF_6 断路器模块，组成高电压大容量的混合型断路器。光控模块式混合型断路器所涉及的模块结构简单，运行可靠，寿命长，不受外界干扰，是能实现 110kV 以上电压等级的大

容量断路器。这种原理的断路器虽然结合了两种断路器的优点，但同时也受到真空断路器开断能力的限制，开断能力难以超过 63kA，且不适用于电压过高的场合。

2.2　单断口大容量断路器

1. 国外高压大容量断路器研发现状

西门子、ABB 公司是国际上大容量断路器研发技术领先的企业。西门子公司已开发出双断口 800kV/63kA 的 SF$_6$ 断路器，其 550kV/80kA 样机已通过验证试验；ABB 公司则已开发出最高电压 1100kV、开断电流最高 80kA 的 SF$_6$ 断路器。

早在 1978 年，ABB 公司就推出了断路器额定短路开断电流 80kA 的 245/550kV 等级 GIS，目前主要的 GIS 技术参数见表 2 - 1。

表 2 - 1　ABB 公司 GIS 技术参数一览表

序号	参数名称	基本参数值	是否满足系统要求
1	额定电压	145kV，245kV，420kV，550kV	满足
2	额定电流	4000A，5000A	满足
3	额定开断电流	80kA	满足
4	额定峰值耐受电流	200kA	满足
5	短时耐受时间	1s(试验)，3s(设计能力)	满足
6	全开断时间	≤40ms	满足
7	充气压力	0.7MPa	满足

20 世纪 90 年代以来，ABB 公司在高压断路器技术方面研发进展很大，1998 年推出了 PM 型单断口压气式 SF$_6$ 断路器，如图 2 - 4 所示。其 80kA 断路器有两个系列，一个是瓷柱式断路器，另一个是罐式断路器，两个系列均有 252kV 和 550kV 等多个电压等级的产品。其额定电流有 4000A 和 5000A 两种，短路开断电流均为 80kA，动稳定电流均为

200kA(216kA)，能够满足目前电网的需求，相关产品已有80kA的型式试验报告。其500kV/80kA的瓷柱式断路器在德国已有运行业绩。

图2-4 80kA三相罐式SF₆断路器

ABB公司自推出170kV/80kA断路器以来，已经向客户交付了300台80kA断路器，使用于德国的风电系统和美国水电站等，涵盖245kV、363kV、420kV、550kV等电压等级，见表2-2。

表2-2 ABB公司80kA断路器应用情况一览表

时间	电压等级	用户名称	型号	数量
2008	500kV	TYDRO ONE	550PM80-40(罐式)	8
2008	363kV	TYDRO ONE	363PM80-40(罐式)	14
2009	363kV	TYDRO ONE	363PM80-40(罐式)	14
2011	420kV	TENNET	HPL420-80(瓷柱式)	4
2011	500kV	ABB INC	550PM80-40(罐式)	2

注：220kV/80kA断路器已有运行业绩的共258台。

ABB公司推出的单压80kA灭弧室，其结构如图2-5所示，工作原理如图2-6所示。随着ABB灭弧室技术的进一步发展，目前其公司开发的最大开断能力达到 90kA（单断口电压提升到 245kV）。目前该公司高压断路器系列灭弧室技术水平如图 2 - 7 所示。

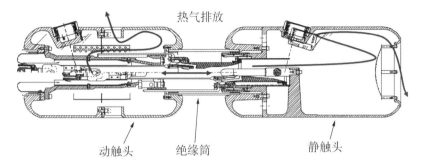

图 2 - 5　ABB 公司 80kA 灭弧室结构

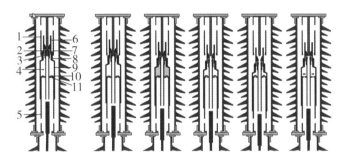

1—上电流通道；2，3—弧触头；4—压气室；5—下电流通道；6—喷口；

7，8—主触头；9—压气室电流通道；10，11—压气阀系统。

图 2 - 6　ABB 公司 80kA 断路器工作原理

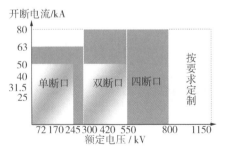

图 2 - 7　ABB 公司高压断路器系列灭弧室技术水平

2011 年，ABB 公司研发生产了开断水平世界第一的 90kA 245PMI90 型断路器，如图 2 - 8 所示，并且通过 KEMA 实验室认证，为 KEMA 迄今为止做过的容量最大的高压断路器实验。其额定电压为 245kV，2 周波开断，可用于 50/60Hz；操作机构采用液压弹簧机构，单相操作，额定电流可达 5000A，短路开断电流达 90 kA，工作温度范围为 −55 ~50℃。

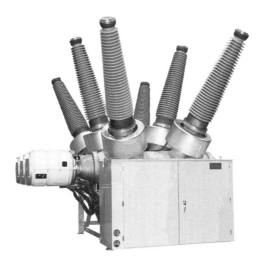

图 2 - 8　ABB 公司研发生产的 90kA 245PMI90 型断路器

ABB 公司的高压实验室，是世界上最好最先进的电气设备实验室之一，这也为其开展大容量开断断路器试验提供了优越的条件，其最新研发的断路器产品最高电压等级达 1200kV，最大额定短路电流达 80kA。例如，HPL 压气式系列柱式断路器是目前开断电流最高等级的产品，也是 ABB 公司能够满足低温要求的产品之一，最低温度低至 −60℃。它能够为从较小的感性电流（最高 6000A）到 80kA 的短路电流的所有系统提供最佳和安全的开关特性。

ABB 公司的 HPL 断路器使用弹簧操作机构，有效确保了断路器的高可靠性，HPL 压气式系列断路器如图 2 - 9 所示，HPL800 断路器运行现场如图 2 - 10 所示。

型号	LTB D1 72.5 – 170	LTB E1 72.5 – 245	LTB E2 362 – 550	LTB E4 800
标准	IEC，IEEE	IEC，IEEE	IEC，IEEE	IEC，IEEE
额定电压	72.5 ～ 170kV	72.5 ～ 245kV	362 ～ 550kV	800kV
额定电流	最大 3150A	最大 4000A	最大 4000A	最大 4000A
开断容量	最大 40kA	最大 50kA	最大 50kA	最大 50kA
环境温度	– 30 ～ + 40℃	– 30 ～ + 40℃	– 30 ～ + 40℃	– 30 ～ + 40℃

注：环境温度为 – 60 ～ + 70℃断路器也可以提供

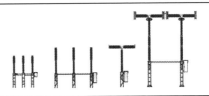

型号	HPL 72.5 – 300	HPL 360 – 550	HPL 800
标准	IEC，IEEE	IEC，IEEE	IEC，IEEE
额定电压	72.5 ～ 300kV	360 ～ 550kV	800kV
额定电流	最大 4000A	最大 4000A	最大 4000A
开断容量	最大 80kA	最大 80kA	最大 80kA
环境温度	– 30 ～ + 40℃	– 30 ～ + 40℃	– 30 ～ + 40℃

注：根据需要，最高电压可达 1200kV，环境温度为 – 60 ～ + 70℃断路器也可以提供

型号	DCB LTB 72.5	DCB LTB 145	DCB HPL 170 – 330	DCB 362 – 550
标准	IEC	IEC	IEC	IEC
额定电压	72.5kV	145kV	170 ～ 330kV	362 ～ 550kV
额定电流	最大 3150A	最大 3150A	最大 4000A	最大 4000A
开断容量	最大 40kA	最大 40kA	最大 50kA	最大 63kA
环境温度	– 30 ～ + 40℃	– 30 ～ + 40℃	– 30 ～ + 40℃	– 30 ～ + 40℃

注：隔离刀闸按要求可以提供其他参数，DCB 型号的详细信息可以参考相关使用导则

图 2 – 9　ABB 公司的 HPL 压气式系列断路器

图 2 - 10　HPL800 断路器运行现场

最近，ABB 公司调试了一台世界上最高电压等级的交流电压断路器。断路器额定电压为 1200kV，电压等级高，完全投入运行时具有 10400MW 转换能力，可以在几毫秒内"开"或"关"10 个大型发电厂发出的电力，这相当于瑞士和丹麦每年平均电力负荷。与该断路器配套的有由气体绝缘接头、电流互感器以及监测和诊断设备组成的现代化的混合动力开关设备解决方案，该解决方案要求的空间只有常规的空气绝缘解决方案的一半。

而其他公司，西门子满足开断电流 80kA 的产品仅有样机，尚无工程应用业绩。阿尔斯通 500kV 开关设备中 GIS 和断路器的标准热稳定电流是 63kA/3s，更高的热稳定电流（80kA，100kA）还处于研发阶段。阿尔斯通 500kV 隔离开关的标准热稳定电流也是 63kA/3s，但在意大利生产的 500kV 垂直伸缩式隔离开关可以做到 80kA/s。

2. 国内高压大容量断路器研发现状

近年来，国内著名电气企业在高压、超高压、特高压方面的大容量开断装置研发上取得了重要进展，最高额定电压已经达到 1100kV，但最高额定开断电流水平都在 63kA 及以下。

　　平高集团的断路器产品主要包括瓷柱式断路器及罐式断路器等开关设备，为输电与变电等领域的开关设备提供全系列技术解决方案。目前产品已覆盖 126 ～ 1100kV 高压、超高压及特高压全系列电压等级，产品种类及电压等级完全满足国内外市场的需求。该公司断路器产品主要分为常规断路器、特种断路器以及智能化断路器三大系列，其大部分开关装置的额定开断电流为 31.5 ～ 63kA，持续时间为 3s，峰值耐受电流为 80 ～ 125kA。例如，2013 年专为西北 330kV 电网设计研发的 LW10B –363CYT 型瓷柱式断路器（图 2 – 11），为单柱双断口形式，额定 SF_6 气压 0.6MPa，额定电流 4000A/5000A，额定开断电流 63kA，机械寿命 5000 次，海拔 2000m，配高可靠性 CYT 液压机构；产品分为带合闸电阻和不带合闸电阻两种类型，灭弧室断口间并联有 2500pF 电容。

2 – 11　平高 LW10B – 363CYT 型瓷柱式断路器

　　2011 年，平高集团自主研发的 LW□ – 40.5（G）/T4000 – 40 型开合电容器组、电抗器组专用大容量 SF_6 断路器，在荷兰 KEMA 试验站顺利通过投切背对背电容器组、电抗器组试验。该产品技术参数达到国际领先水平。

2013年，平高研发了很多型号的SF_6断路器，例如LW34B-40.5型瓷柱式SF_6断路器、LW35-40.5型自能式SF_6断路器、LW35-72.5型瓷柱式SF_6断路器、LW35-252型自能式SF_6断路器（图2-12）等。LW10B-550/YT型SF_6断路器（图2-13），额定开断能力有31.5kA至63kA不等，该断路器采用分相结构，采用弹簧操动机构和三相电气联动操作，可实现对输电线路的控制和保护，在国内各大地区的高压、超高压、特高压电网都有广泛的应用。其中LW10B-550/YT型SF_6断路器可选配选相合闸装置，具备在特定相位间分合闸的功能，实现精确控制，限制操作冲击电压。

图2-12　平高LW35-252/T4000-50型　　　图2-13　平高LW10B-550/YT型
　　　　　瓷柱式断路器　　　　　　　　　　　　　　SF_6断路器

罐式断路器研发方面，平高集团先后研发和生产了LW55B-252/T型罐式SF_6断路器、LW55-363/Y5000-63型罐式断路器、LW55B-550/Y6300-63型罐式断路器（图2-14），其最大开断电流都在63kA的水平。其特点是断路器采用分相操作，集成电流互感器设计，可实现对输电线路的控制和保护；灭弧室为单断口设计，结构简单、紧凑；采用智能化控制系统，可实现智能化控制和在线检测，抗震性能高，可应用于九度地震烈度地区。

图 2 – 14　平高 LW55B – 550/Y6300 – 63 型罐式断路器

　　中国西电集团在大容量短路电流开断装置方面，现有产品最高额定开断电流为 63kA。例如，为国家特高压后续工程研制的 1100kV – 63kA – 6300A 型 GIS 用断路器，采用液压弹簧操动机构和四断口灭弧技术，合闸电阻和断路器分设在两个低位罐体中，具有开断能力强、操作功低、检修维护方便等优点，在荆门特高压输电系统中使用。

　　山东泰开高压开关有限公司是专门研制开发生产 72.5kV 及以上户外高压 SF_6 断路器、全封闭组合电器、敞开式组合电器、插接式组合电器及复合绝缘组合电器等五大系列产品的大型专业化企业。高压大容量断路器主要有 LW30A – 800 型罐式断路器（图 2 – 15）、LW30A – 550/Y5000 – 63 型 SF_6 罐式断路器，最高开断电流为 63kA。

　　LW30A – 800 型罐式断路器的

图 2 – 15　泰开 LW30A – 800 型
罐式断路器

25

技术参数见表2-3。

表2-3　LW30A-800型罐式断路器技术参数

序号	名　称	单位	数值
1	额定电压	kV	800
2	额定频率	Hz	50
3	额定电流	A	6300
4	额定短路开断电流	kA	63
5	额定短路关合电流	kA	171
6	额定短时耐受电流时间	s	3
7	额定峰值耐受电流	kA	171
8	首开极系数		1.3
9	近区故障开断电流	kA	47.25/56.7
10	额定线路充电开断电流	A	900
11	额定失步开断电流	kA	15.75

3. 低压大容量断路器及快速开关研发现状

ABB公司的HEC7和HEC8产品系列是目前世界上开断容量最大的发电机断路器产品,采用了SF_6(六氟化硫)气体作为灭弧介质,能够切断高达210kA的短路电流,可以用于额定功率最高达150万kW的发电机组,足以应对各类大型电站中的任何电流故障问题。同时,产品的免维护寿命长达15年(或1万次开关操作),大幅降低了电站的运营维护成本。HEC7/8型SF_6发电机断路器的主要参数为:额定电压25～30kV、额定电流24～38kA、额定短路开断电流160～200kA。

BBC公司首先研制成功大容量发电机出口DR-36型断路器,最高额定电压36kV,最高额定电流48kA,最大短路开断电流100～250kA。日本的三菱公司和日立公司分别生产额定电流为42～44kA、短路开断电流为110～125kA的SF_6断路器。目前生产的SF_6断路器的最大开断电流为160kA,而压缩空气式断路器最大开断电流为275kA。

我国西电集团公司和中国长江三峡集团公司在2013年联合研发制造的"ZHN10-24/Y25000-160型发电机断路器成套装置",填补了我国大型发电机组用大容量保护断路器制造领域的空白。该产品具有开断能力强、载流能力大等特点，可满足相关工程的需要，是我国首次自主研发的大容量 SF_6 发电机断路器成套装置，拥有完全自主知识产权。其综合技术性能达到国际同类产品的先进水平，开断电流达到 160kA。

近年来，随着配电容量的不断增加，国内企业在低、中压等级方面研发了大容量快速开关装置（FSR），此类装置具有快速性、限流性、可靠性高、容量大的特点，是电力系统发生短路故障时，及时对电气设备实施开断的一种新型快速保护装置，可以广泛用于中低压电力系统单相、三相设备，用来快速切除短路故障。它除了可以限流开断，还可限制操作过电压，能全面保护设备安全，其结构如图 2 - 16 所示。

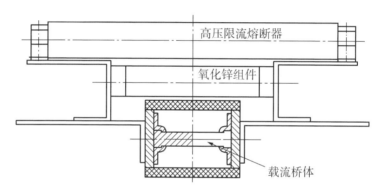

图 2 - 16　FSR 内部结构图

大容量高速开关装置由桥体 FS、高压限流熔断器 FU、非线性电阻 FR 及测控单元组成，简称 FSR。

桥体：简称 FS。正常时流过工作电流，短路时在 0.15ms 之内快速断开。

高压限流熔断器：简称 FU。其冷态直流电阻值的范围为 5 ~ 20mΩ，在正常情况下，主回路中电流从 FU 上流过的不超过 1%。在主回路出现故障的情况下，FS 开断，短路电流进入 FU，在不大于 0.5ms 的时间内 FU 熔断。

氧化锌组件：简称 FR。其冷态直流电阻值为无穷大，在正常情况下，主回路中电流不从 FR 上流过。在主回路出现故障的情况下，在 FU 熔断过程中，线路上可能会产生瞬时过电压，此时 FR 对其进行限压。

当系统能量较大，FU 不能完全吸收时，FU 的弧压使 FR 导通，进行吸能和限压。

除去以上三个主要元件外，FSR 还包括专用电流互感器、专用脉冲变压器和控制器。其具有如下特点：

（1）具有断路器加限流电抗器所不具有的快速性加限流性的优点，避免了正常运行时限流电抗器的热损耗和电压波动，提高供电质量。

（2）可以把截流时间控制在 1ms 以内，把截断电流控制在短路电流峰值的 10% 以下，使得电气设备及线路不再受短路峰值电流冲击，延长了使用寿命。

（3）配置大能容的非线性电阻来吸收开断过程中的磁能，开断容量可不受限制。

（4）开断快、截流小，既增大了系统稳定性和安全性，又降低了系统投资。

（5）开断过程中无危害性过电压。

（6）体积小，选型简单，安装、调试方便。

早期对大容量开断装置的研究仅仅在建造大容量断路器特性试验设备等方面。近几年，安徽徽凯电气有限公司的 FSR、上海恺的利经贸有限公司的 SHK - FSR 大容量高速开关产品都具有额定电流大、断流能力高、3ms 以内切除故障等特点，可将开断过电压限制在 2.5 倍的额定相电压以内；适用于 6 ～ 35kV 交流电力系统，安装在发电机出口、厂用变分支或母联处，解决因系统短路造成的电压暂降和断路器开断能力在 63kA 以上无法开断的问题。其与电抗器并联可以消除电抗器正常运行时带来的电能损耗、电压波动和漏磁场等问题。目前主流厂家研发的产品最高开断能力为 160kA，如表 2 - 4、图 2 - 17 所示。

表 2 - 4　徽凯电气的 FSR 产品系列的技术参数

额定电压/kV	6　10　13.8　15.75　18　35	
额定电流/kA	1　2　3　4　5　6　8　12	
开断电流/kA	63　80　100　125　160	
分断时间/ms	截流时间	电流衰减为 0 的时间
	≤1	≤3

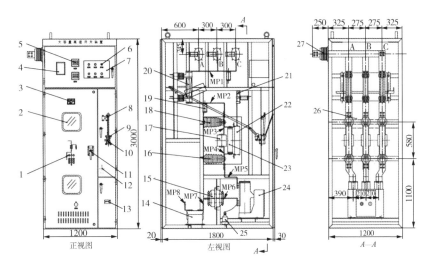

1——次模拟牌；2—观察窗；3—铭牌；4—开关状态指示仪；5—电度表；6—指示灯；
7—控制器；8—辅助开关；9—操作机构；10—刀闸电磁锁；11—门电磁锁；
12—断路器合、分闸转换开关；13—照明灯；14—电流互感器；15—专用电流互感器；
16—支柱绝缘子(320)；17—载流桥体；18—专用脉冲变；19—电压传感器(140)；
20—隔离开关；21—撞击机构；22—限流熔断器；23—氧化锌组件；24—断路器；
25—过电压保护器；26—环氧隔板(2 块，745×630×5)；27—穿墙套管

图 2 - 17　大容量开关装置柜

近几年，国内对大容量快速开关装置的研发较多，市场上已有一些类似产品。如上海松邦电气有限公司研发生产了具有自主知识产权的 FURB 大容量高压限流熔断器组合保护装置(图 2 - 18、图 2 - 19)，由特制的高压大开断容量的限流熔断器和并联在其两端的特制高压高能氧化锌过电压保护器以及限位信号开关组合而成。一旦回路中发生短路，高压限流熔断器在 2ms 内快速熔断，立即切断短路电流，同时并联在高压限流熔断器两端的特制高压高能氧化锌压敏电阻动作，将熔断器开断

图 2 - 18　上海 SHK - FSR
大容量高速开关

29

时产生的操作过电压限制在规定值以内，并且吸收系统中截断电流衰减到零时的磁场能量，进一步提高熔断器的吸能安全裕量；高压限流熔断器在开断的同时限位信号开关发出动作信号，可以接到负荷开关（或断路器）使其联动，或接到控制室以便检修、查找故障点。FURB 大容量高压限流熔断器组合保护装置主要适用于 3～35kV 电力系统具有大短路容量的场所，例如励磁变压器、厂用变压器、隔离变压器、电压互感器和电容器等回路，可以承担正常工作电流的频繁接通和开断，同时对特大短路电流可以自动限制电流并快速可靠地开断和进行过电压保护，也可以用作电力回路的相间短路保护和后备保护。

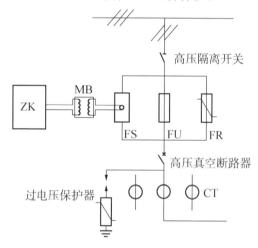

图 2 - 19　FSR 的一次接线图

　　在低压大电流限流开断器方面，汕头市供电局与陕西电力科学研究院联合开发了 DDX1 超高速开关设备，并就其在大容量变电站 10kV 母联位置的应用进行了深入研究，结果表明这类开关设备可以很好地解决电力系统中过大短路电流开断的问题。新型超高速开关装置 DDX1（也称短路电流限制器或 FCL）的额定电流为 630～6300A，额定电压为7.2～40.5kV，短路电流全开断时间在 10ms 以内，并具有明显的限流开断能力。其 12kV/6300A 产品已在国家高压电器质量监督检验中心完成温升及 80kA 开断的型式试验。

　　2010 年，西安金源电气有限公司研发了 DDXK1 型大电流限流开断器，额定预期短路开断电流可达 200kA，可在 3 ~ 6ms 以内开断短路电流，在 7.2 ~ 40.5kV 系统，可将短路电流幅值限制到预期值的 15% ~ 50%；电子控制器采用双判据点火和多参量闭锁，经过各类试验，具有较高的产品可靠性。

2.3　基于高耦合分裂电抗器的并联断路器

采用断路器并联技术是一种提高常规断路器开断容量的有效途径和新的发展方向。目前国内外断路器并联的技术方案主要包括：断路器简单并联、通过串联电感实现断路器并联、用同步保持装置实现断路器并联、采用分裂电抗器进行并联等。

（1）断路器简单并联，指真空灭弧室直接并联。Pertsev 等人（2004）基于真空电弧弧压低和正伏安特性的特点，将两真空断路器直接并联来开断故障电流。但简单并联要求断路器同步性好，如果由于动作时间或阻抗参数等差异导致断路器分流不均匀时，可能导致开断失败。实验证明，真空灭弧室直接并联时，两灭弧室均流效果不佳，严重情况下，全部电流可能仅通过其中一条支路，从而使并联失去意义。

（2）通过串联电感实现断路器并联。陈轩恕等人（2011）采用断路器与电感串联再并联的方式来实现均流。采用真空灭弧室串联电感的并联方式，可以保证较好的均流效果，但电感的引入会显著增大系统正常运行时的阻抗，降低线路输送能力和安全稳定裕度，且会提高使用成本。若并联的灭弧室触头非同时动作，或电弧非同时过零熄弧，则后开断的断路器要单独承担全部故障电流。因此这种并联方案可靠性差，不能满足并联开断的要求。

（3）用同步保持装置实现断路器并联。西门子公司曾将一台参数较低的 8BK40 型真空断路器的三相直接并联起来，组成为一相，共同承担大的额定电流和开断大的短路电流，并据此原理开发了 8BK41 型发电机保护断路器。但这种并联需要复杂的同步保持装置保证三个单元同步动作，造价很高，因此没有得到推广。

由于 SF_6 开关负的伏安特性，采用 SF_6 开关灭弧室并联时对提升开断容量基本上没有作用。同时，由于并联的多断口之间或多或少存在差异，会造成在开断大故障电流的过程中各断口之间电流分配不均，导致某一个或几个断口承担所有故障电流，断路器断口实际所承担的电流超过其开断容量的极端情况，导致断路器的并联失去意义。由于上述原因，目前并联断路器在故障电流开断方面难以推广。

（4）为解决大电流开断的难题，华中科技大学于2007年提出了基于一种高耦合度分裂电抗器（HCSR）的断路器并联方案，其原理如图2－20所示。

HCSR 由相互耦合、反绕的两组线圈组成，两组线圈一端短接，另一端分别接相互并联的断路器形成两个相互并联的支路。两支路都有电流通过时，两组线圈产生的磁通在公共磁路内相互抵消，使得线圈对外只表现出很小的漏电感；而在两支路电流不均衡或只有单个支路通流的情况下，线圈产生的磁通较大，对应的电感线圈对外表现为很大的电感，能有效限制对应支路的故障电流。耦合线圈的上述作用，使得基于HCSR 的并联型断路器能够实现并联断路器的自动均流、限流，保证多断路器的可靠并联，从而有效提高断路器的载流、开断能力。

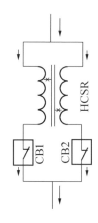

图 2－20　高耦合电抗器并联断路器原理图

基于高耦合分裂电抗器的断路器并联技术是解决大电流开断问题的一个重要方法，断路器并联开断技术的关键问题是如何实现开断过程中并联支路的均流，以确保各支路电流不超过断路器开断容量。

由高耦合分裂电抗器串联断路器并联开断短路电流的工作原理可知，并联电抗器的参数确定及材料结构确定是设计的关键问题。该并联电抗器需要完成均流/限流的任务，与现有的分裂电抗器类似。但现有的分裂电抗器上下臂大都采用分开放置，且耦合系数一般不超过0.4；为保证系统正常运行，必须尽可能提高电抗器的耦合系数，降低其漏抗过大造成的影响。

　　高耦合电抗器的参数确定是并联断路器设计的关键问题，杜砚等人
(2009)分析了高耦合分裂电抗器的工作原理和设计方法，进而研究了
电抗器磁效应可能造成的外部影响，并在此基础上，对该耦合电抗器在
电路中应用时的自动均流/限流功能进行了仿真研究。

　　陈轩恕等人(2011)提出了一种基于单元化真空断路器串并联结构
的大容量高压断路器方案，将 40.5kV 光控单元化真空断路器通过均压
组件串联达到 110kV 电压等级，同时采用高耦合的空心分裂电抗器，以
实现并联支路电流的自动均流、限流。该大容量并联断路器开断电流可
达 80kA，其示范工程样机如图 2 - 21 所示。在对工作原理理论分析的
基础上，陈轩恕等人还开展了相应的仿真计算和实验研究，验证了方案
的可行性。

图 2 - 21　126kV/80kA 串并联组合式真空断路器样机

　　袁召等人(2012)从理论上推导了简单并联和基于高耦合分裂电抗
器并联断路器并联支路不平衡电流的表达式，通过对比分析确定单臂限
流电感、双臂间耦合度及断路器电弧电阻大小是影响并联断路器均流效
果的主要因素。此外，还建立了电路仿真模型并开展了短路电流开断实
验研究，给出了针对不同类型并联断路器的单臂电感选取原则。刘志远
等人(2000)通过实验研究了真空发电机断路器并联断口的电流转移，
进而仿真分析了电流转移过程的影响因素。

高耦合度分裂电抗器包封内部温升是其热稳定性的重要技术指标，邓秋等人(2011)计算分析了强制对流散热时干式空心电抗器的暂态温升及影响因素。结果表明，干式空心电抗器包封的暂态温升分布主要取决于各包封的生热率，而包封两侧气道的强制风速影响较小。此外，针对采用强制风冷散热方式的干式空心电抗器，计算了采用不同风道和遮雨棚结构的气流场，进而优化强制风冷电抗器整体散热结构。

当并联型断路器的两条并联支路电弧熄灭出现不同步时，先开断的断路器熄弧瞬间，高耦合度分裂电抗器上会出现一幅值达 0.5 倍系统相电压的过电压，从而引起电抗器内部产生高频电磁振荡，进而导致电抗器上出现高频暂态过电压，对电抗器内部绝缘及先开断的断路器的绝缘造成很大威胁。基于此，吴昊等人(2011)计算分析了陡波作用下的高频暂态过电压，并根据结果推断高耦合度分裂电抗器的内部高频电磁振荡可能会使先开断断路器的断口暂态恢复电压幅值和上升率都朝着增大的方向发展，进而加大了先开断断路器的断口触头间绝缘的负担。

华中科技大学提出的基于 HCSR 的断路器并联技术，借助 HCSR 两线圈间的强耦合作用，可以强制两并联断路器电流均分，保证并联断路器共同承载额定电流和故障电流；在发生由于机构动作存在较大差异而造成并联断路器不同步、交流电流半波熄弧的情况下，HCSR 将发挥限流电抗器的作用，将后开断断路器的故障电流限制在其开断能力以内，保证并联开断的可靠性。

2011 年，华中科技大学承担的"基于高耦合度分裂电抗器的真空断路器并联技术及样机研究"项目通过了国网电力科学研究院的验收；2013 年，其承担的国家科技支撑计划项目"新一代高压/超高压断路器攻关与应用示范"中对基于高耦合分裂电抗器的模块化真空断路器和 SF$_6$ 断路器进行了大量研究工作，成功制作了额定电压 126kV、额定电流 5kA、单臂电感为 2.6mH、耦合系数达到 0.97 以上的 126kV 干式空心高耦合分裂电抗器，并在其基础上形成了 126kV/5000A – 80kA 并联型断路器样机，可以对 80kA 的预期短路电流进行开断。该并联型断路器样机在国家试验认证机构西安高压电器研究院完成了全套性能试验，证明 HCSR 及并联型断路器满足设计要求，且已在湖北省武汉市汤山 110kV 变电站挂网试运行满 2 年。

2014 年，广州供电局有限公司联合华中科技大学、西安西电变压器有限责任公司、西安高压电器研究院有限责任公司承担了"大容量短路电流开断装置研究与工程应用"项目研究，采取的仍然是基于高耦合分裂电抗器自动均限流技术的并联断路器技术方案，成功研制了耦合系数达 0.97 的高耦合分裂电抗器，且全部通过国家规定的试验项目，正常运行趋于无感。其 220kV/3150A‒88kA 样机（图 2‒22）已通过国家质检中心验证试验，其 90kA 以上样机试验正在进行中。

图 2‒22　220kV/3150A‒88kA 并联断路器样机

为了确保大容量开断装置在关合故障的情况下能够顺利实现开断，对两个支路断路器之间的合闸同期性要求较高。为此选择研制高同步断路器，采用并联两柱 63kA 瓷柱灭弧室的断路器结构，通过串联电抗器单元，实现开断 252kV/88kA 短路电流的技术路线。每相完整的断路器由并联的两柱灭弧室和一台操动机构组成。灭弧室采用 LW15‒252/Y5000‒63 高压交流瓷柱式 SF$_6$ 断路器的灭弧室部分，两柱共用一台底架；两柱灭弧室共用一台 CYA7‒Ⅰ型液压弹簧操动机构驱动，两柱灭弧室采用机械联动。LW15C‒252/Y5000‒63 型断路器已于 2009 年取得国家高压电器质量监督中心颁发的型式试验检验报告。研制单位对断路器采取"分组操作""独立操作""分相操作"的不同方案的优缺点进行了比较和分析，得出了分相操作难度适中，同步性较好，是较为理想的操作形式的结论。

上述项目研发的"大容量短路电流开断装置"样机成功完成了性能验证试验，验证了基于高耦合分裂电抗器的大容量短路电流开断装置设计原理的正确性及工程实现的可能性。对成套开断装置最重要的性能，即短路电流开断性能，进行了试验验证，并成功完成 3 次 80kA 及以上短路电流开断，有力证明了该套装置不但具有设计的 220kV/80kA 开断能力，而且对更大的短路电流（理论上可达 100kA 以上）也具有开断潜力。

2.4　混合断路器

目前中、高压领域主要应用的断路器有两种——真空断路器和 SF_6 断路器，然而这两种断路器单断口容量的大幅度提升均有一定困难。真空断路器耐压水平提高困难，目前只能应用于 110kV 及以下电压等级；而 SF_6 断路器耐压等级较高，但其开断能力已无法满足更高的短路电流开断需求，此外由于 SF_6 气体的强温室效应，也需要逐步减少甚至停止该气体的使用。综合真空断路器和 SF_6 断路器的优点，有研究提出可以将真空灭弧室与 SF_6 灭弧室串联得到性能更优的混合断路器，同时降低 SF_6 气体的排放量。

混合断路器最早由英国和日本的开关制造商于二十世纪六七十年代提出，1966 年 Kameyama 等人首先提出了混合断路器的概念，并将单个真空灭弧室与压气式灭弧室串联以达到更高的开断能力；1967 年 Flurscheim 等人将真空灭弧室与油灭弧室串联使用，但由于技术限制，一直没有成熟的产品推出。近几十年来，随着真空灭弧室开断容量的提升，以及 SF_6 断路器性能的提高，混合式断路器的研究已开始趋向于真空灭弧室与 SF_6 灭弧室的串联结构。此外，大量的研究证明，真空灭弧室与 SF_6 灭弧室串联有可能发挥各自的优势，并克服其缺点，有效地提高断路器开断容量。

Dethlefsen 等人（1980）结合真空灭弧室与 SF_6 灭弧室的特性，阐明了混合断路器开断电流后的动态电击穿特性。如图 2-23 所示，电流过零后恢复电压上升率大的阶段，电压主要由真空灭弧室承担；而峰值阶段与静态绝缘阶段，电压则主要由 SF_6 灭弧室承担。若灭弧室未并联均压电容，电流开断后期真空灭弧室会由于电压较高而出现高频放电现象，从而影响断路器开断性能。

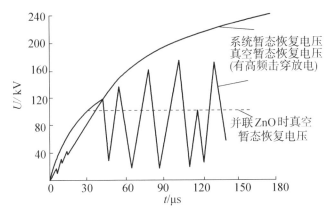

图 2-23　真空灭弧室弧后恢复电压特性

　　程显等人（2012）仿真研究了混合断路器大电流开断过程中真空电弧与 SF₆ 电弧的相互作用，首先基于 ATP 软件和 TACS 工具针对 12kV 真空断路器和 40.5kV SF₆ 断路器建立了电弧模型，然后通过仿真结果与实验波形结合得到相应的电弧模型参数，进而搭建了真空电弧与 SF₆ 电弧串联的混合断路器模型。研究指出，混合断路器在设计时，应保证真空断路器首先开断并承担系统瞬态恢复电压的最初峰值，而 SF₆ 断路器后开断承担瞬态恢复电压最高值。此外，研究还发现混合断路器两断口的分压关系在电流零区附近主要由电弧电阻决定，电流过零后则由外部电容决定。程显等人（2012）还针对混合断路器的开断特性进行了大量的实验研究，并指出尽管在电弧开断时真空灭弧室容易发生重击穿，但只要恢复电压峰值，上升率低于 SF₆ 灭弧室的介质强度，混合断路器就不会由于真空灭弧室的重击穿而导致开断失败。

　　荷兰 KEMA 于 2007 年成功研制出 145kV、额定开断容量 63kA 的混合式断路器，如图 2-24 所示，该混合式断路器利用真空断口承担恢复电压的第一个峰值，而主峰值则由 SF₆ 断路器来承担。KEMA 的研究人员针对该串联断路器开展了一系列实验研究工作，验证了真空电弧与 SF₆ 气体电弧的相互作用，电流过零瞬间 SF₆ 电弧与回路的相互作用可有效降低电流变化率 di/dt，帮助真空电弧开断；而电流过零后，较大的真空弧后电流使 SF_6 电弧继续燃烧，使电压恢复上升延迟，从而促进 SF_6 电弧的开断。此外，还通过建模仿真研究了电弧的相互作用，并与实验对比验证了模型的正确性。

图 2-24　KEMA 研制的 145kV 混合式断路器

目前研究的混合断路器样机灭弧室的排列方式主要采用两灭弧室水平放置、竖直放置、L 形放置和平行竖直放置等；操作机构的驱动形式主要有两机构分开控制、单机构同时控制两种；控制策略主要分为两灭弧室触头同时动作、真空灭弧室触头先动作、可协调控制三种。

通过多年研究，国内外提出了多种典型的混合断路器模型，如：Yanabu 等人（1984）将两灭弧室水平串联放置，真空灭弧室和 SF_6 灭弧室分别与一非线性电阻和分压电容并联，且两灭弧室分置在两隔离的 SF_6 箱体中。Senda 等人（1984）在此基础上将真空灭弧室、SF_6 灭弧室、换流电路、吸收电路集中布置在同一 SF_6 密封箱体中构成混合式的 GIS。Perret 等人（2003）采取竖直串联的布置方式，将 SF_6 灭弧室置于上方，真空灭弧室置于下方，且真空灭弧室两端并联非线性电阻，SF_6 灭弧室采用双动结构。Dethlefsen 等人(2003)则使用真空灭弧室在上、SF_6 灭弧室在下的结构制成混合式断路器。Flurscheim 等人(1967)和 Smeets 等人(2007)则分别采用油断路器和 SF_6 灭弧室与真空灭弧室串联,并采用 L 形布置,其中真空灭弧室水平放置于下方,两灭弧室利用同一操动机构来控制。

混合断路器机构的驱动形式目前主要有两机构分别驱动和单机构同时驱动两种。Porter 等人(1976)采用两个机构分别驱动真空灭弧室与 SF_6 灭弧室,真空灭弧室操作机构配有合闸延时动作单元,从而可以调节重合闸时间,使 SF_6 灭弧室承受恢复电压以避免真空灭弧室的高频放电。Perret 等人(2003)则利用一个操动机构来同时驱动混合断路器的两个灭弧室触头。

混合型断路器控制策略主要包括:两灭弧室触头同时动作、真空触头先动作和可协调控制。Yanabu 等人(1984)将真空灭弧室和 SF_6 灭弧室串联的混合型断路器用以开断直流电路,两灭弧室采用同时合、分的控制策略,利用高频电路制造人工过零点提供开断机会。Harrold 等人(1974)控制混合断路器中的真空灭弧室先动作,SF_6 灭弧室后动作,使 SF_6 灭弧室主要负责合闸,而真空灭弧室主要负责分闸,以减少触头烧蚀。Natsui 等人(1988)为了应用于不同条件,采用两灭弧室机构动作时间可调节的混合型断路器。

长期以来,各国研究者对混合断路器特性进行了大量研究,充分证明了真空灭弧室和 SF_6 灭弧室有效配合的积极作用,但目前仍没有成熟的高压产品推出,在很多方面依然需要进一步研究。如真空电弧与 SF_6 电弧相互作用的机理、电流开断过程中真空灭弧室与 SF_6 灭弧室的最佳配合等。此外,由于现有真空灭弧室的电压等级较低,混合式断路器技术在高压、特高压领域的应用仍有困难,需要进一步开展系统深入的研究。

第3章 故障电流限制器研发现状

3.1 超导限流技术

近四十年来，国内外科研机构投入大量人力与物力，研发了各种不同形式的 FCL。根据应用材料的不同，大致将其分为两类：一类是选用常规材料，此类限流器的结构形式和限流机理各有特色，例如基于开关通断改变电流路径的电流转移型，采用串补技术的串联补偿型，利用谐振原理的谐振型等；另一类则是使用新型材料，其代表类型是选取超导体的超导限流器(Superconducting Fault Current Limiter，SFCL)。

20 世纪 80 年代高温超导材料的发展，使得维持超导状态所需的冷却系统造价大大下降，为超导技术的广泛应用创造了有利的条件。超导限流器是超导电力应用技术的研究热点之一，国内外已经开展多种类型的超导限流器的研究开发工作，部分试验样机已在电力系统中的输配电线路实现了挂网运行。

超导限流器的工作原理以超导材料的失超现象为基础：当超导体内的电流密度、温度、磁场强度超过临界值后，会立即失去超导特性。这种现象称为失超(Quench)，其机理目前尚不完全清楚。这种特性使超导体成为一种自触发的快速转换开关，可将它承载的大电流快速转移到与其并联的支路。

1. 超导限流器分类

超导限流器，基于运行特性的不同可分为失超型和非失超型；根据限流方式的差别，可分为电阻式、电感式和阻抗式；按其结构特点又可分为电阻型、磁通屏蔽型、饱和铁芯型、变压器型、磁通锁定型、桥路型、有源型等。

目前超导限流器主要有两个发展方向，一是基于超导态/常态的转换原理，主要利用超导体的失超特性实现短路电流的约束，其优势在于工作原理和应用结构均相对简单，可以实现故障自检，代表类型有电阻型、变压器型、磁通屏蔽型等；二是与电力电子技术融合，充分利用超导体的高密度无阻载流能力，结合现代控制理论，具有可控的动作限流特性，这类 SFCL 可看作是固态限流器在超导技术领域的延伸发展，其优越之处在于灵活可调，与柔性交流输电系统（Flexible Alternative Current Transmit System，FACTS）相结合，有向多功能化发展的趋势，代表类型为桥路型和有源型。

（1）电阻型

电阻型 SFCL 因其具有可自动检测故障、结构紧凑、响应迅速、原理简单及实现容易的优点，成为当下研究最广泛的超导限流器之一，图3 – 1 所示为电阻型 SFCL 的三种基本结构形式。

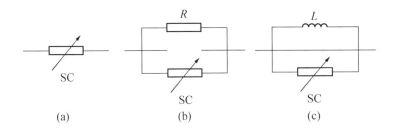

图 3 – 1　电阻型 SFCL 的三种基本结构形式

当系统正常运行时，流过电阻型 SFCL 的电流低于超导体的临界电流，超导体的零电阻特性致使限流器对系统运行无影响。在发生故障后，过大的短路电流引发超导体失超，限流器转而呈现出大阻抗以抑制故障电流。图 3 – 1a 是直接使用超导体的失超电阻来实现限流操作，图3 – 1b 和图 3 – 1c 则分别在超导体上并联限流电阻和限流电感，在故障运行时电流转移至限流电阻或电感上来达到限流目的，同时它们还起到了保护超导体的作用。表 3 – 1 为电阻型 SFCL 的研究发展概况。

表 3-1　电阻型 SFCL 的研究发展概况

单　位	材料	主要参数	完成时间
德国 Siemens	YBCO 薄膜	900V/900kVA（直流）	2004
		12kV/100A	2003
瑞士 ABB	Bi2212 块材	7.2kV/400A	2003
法国 F2K	YBCO 薄膜	10kV/10kA	2003
德国 Nexans	Bi2212 块材	110kV/1850A（单相）	2005
韩国 LG	YBCO 薄膜	6.6kV/200A	2004
		22.9kV/620A	2007
		154kV/2000A	2010
日本 MITSUBISHI	YBCO 薄膜	500kV/8kA	2010

　　电阻型 SFCL 的不足之处在于其失超恢复时间较长，难以满足系统重合闸的要求。超导带材的失超恢复时间长短与散热条件、冲击电流、冲击时间、持续电流及带材本身条件都有关系，在某些情况下恢复时间长达几秒，确实无法满足系统要求。不过亦有文献表明，通过改善散热条件及合理选取参数，能够将失超恢复时间降低至 0.5s 以下，以匹配重合闸的需求。

　　（2）磁通屏蔽型

　　磁通屏蔽型 SFCL 的结构如图 3-2 所示。该型 SFCL 由一次铜绕组、二次侧超导屏蔽筒、铁芯和冷冻箱构成。在线路正常运行时，超导筒内的感应电流小于其临界电流，超导筒呈现出超导态，此时一次铜绕组产生的磁通被超导筒屏蔽，SFCL 的阻抗仅由铜线圈和超导屏蔽筒之间的漏磁所决定，装置呈现出较低阻抗。在发生短路故障后，超导筒内的感应电流将会超过其临界电流值，超导筒失超致使铜线圈产生的磁通不能被继续屏

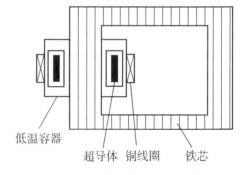

低温容器　　超导体　铜线圈　　铁芯

图 3-2　磁通屏蔽型 SFCL 的结构

42

蔽，装置阻抗急剧上升以完成故障限流。

　　磁通屏蔽型 SFCL 所需的高温超导体用量较少，只需一个不太长的超导管，工艺上容易达成。另外，超导屏蔽筒与主电路没有电的联系，也不需要电流引出端子，有助于降低功率损耗。该型 SFCL 的不足之处则在于装置较沉重，此外，如何有效降低恢复时间也是一个需仔细研究的问题。

　　（3）饱和铁芯型

　　饱和铁芯型 SFCL 的结构如图 3 - 3 所示。该型 SFCL 由一对铁芯组成，每个铁芯上均有一个交流铜绕组和一个直流超导绕组，其中一个铁芯上的交流铜绕组和直流绕组绕向相同，另一个铁芯上的则相反。正常运行时，直流超导绕组产生很强的直流磁场使得铁芯深度饱和，装置表现出较低阻抗。当发生短路故障后，短路电流使得两个铁芯在一个周期内交替退出饱和，装置出现高阻抗限流。

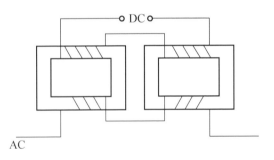

图 3 - 3　饱和铁芯型 SFCL 的结构

　　当饱和铁芯型 SFCL 处于故障限流状态时，其直流超导绕组并不会失超，故不存在失超恢复问题，可以重复多次进行限流操作，并适用于自动重合闸运行。只是在同一时刻起限制作用的仅为两铁芯中的一个，导致了其限流效果较弱，在工程应用中需要更多的铁芯和交流绕组才能达到所需的限流要求，而且直流超导绕组侧还会承受高感应电压的冲击。云电英纳超导公司于 2007 年研制了一台改良式的 35kV/90MVA 饱和铁芯型 SFCL，通过在直流超导绕组侧加上快速开关，在故障运行时控制其开断，使两个铁芯能同时退出饱和并进入限流状态，成倍地提高了限流效率，该装置已于 2008 年初在云南电网普吉变电站成功挂网运行。

（4）变压器型

变压器型 SFCL 的结构如图 3 - 4 所示。该型 SFCL 由常规变压器及超导限流元件组成，变压器一次侧串联接入主回路，二次侧与超导元件相连。在系统正常运行时，通过选择合适的变压器变比，使得流过超导元件的电流低于其临界电流，超导元件呈现零电阻将变压器二次侧短接，此时限流器表现出较低阻抗。在短路故障发生后，随着变压器一、二次侧电流的迅速上升，超导元件将呈现出失超电阻，进而装置表现出高阻抗以完成限流操作。该型 SFCL 的优越性在于变压器的引入隔离了超导限流元件与主回路，并且增强了容量设计的灵活性。由于磁通饱和将严重地影响故障限流效果，故在限流过程中需避免变压器承受过大短路电流，减少磁通饱和所造成的隐患。

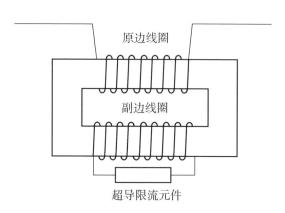

图 3 - 4   变压器型 SFCL 的结构

（5）磁通锁定型

在变压器型 SFCL 的基础上，有学者提出了磁通锁定型。该型 SFCL 同样由常规变压器和超导限流元件构成，变压器二次侧线圈首先与超导元件相连，然后再与一次侧线圈呈反方向连接后接入电网主回路。磁通锁定型 SFCL 的工作原理为：在系统正常运行时，超导元件处于超导态，由于变压器一、二次侧线圈呈反方向连接，磁通相互抵消使得限流器表现出低阻抗；在故障发生后，短路电流导致超导元件失超，使得一、二次侧线圈的磁通不再完全抵消，限流器表现出高阻抗以制约故障电流。

（6）桥路型

桥路型 SFCL 的基本结构如图 3 - 5 所示。该型 SFCL 由整流桥、超导限流电感及偏置电压源组成。在系统正常运行时，调节偏置电源使得流过超导电感的电流大于线路电流的峰值，此时 4 个二极管同时导通，限流器不表现出任何阻抗；当发生短路故障时，线路电流急剧增大至超过 I_0 后，二极管 D_1 与 D_2、D_3 与 D_4 轮流导通，超导电感 L 插入主线路进行故障限流。

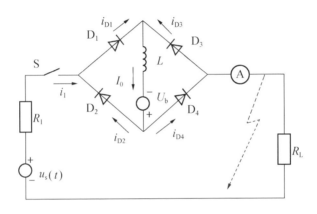

图 3 - 5 桥路型 SFCL 的基本结构

桥路型 SFCL 具有以下优越性：①流过超导电感的是直流电流，不存在交流损耗及非金属杜瓦的难题；②因为没有铁芯及铜绕组部件，使得装置的总体重量较轻；③正常运行时压降很小且不会引起谐波。但是，桥路型 SFCL 无法限制故障电流的稳态值，其原因在于超导电感不断被短路电流励磁，最终使得超导电感上的电流将等于短路电流的稳态值。另外，在系统正常运行期间，超导电感上始终要流过大于线路主电流峰值的直流电流，导致电流引线损耗较大。

国内外研究机构为推进桥路型 SFCL 在电力系统中的应用，对其进行了一系列改进，诸如在限流电感中串入电阻使其能抑制短路电流稳态值，使用双桥混合式结构来解决直流偏压引入困难的问题等。桥路型SFCL的研究发展现况见表 3 - 2。

表 3 - 2　桥路型 SFCL 的研究发展现况

单　　位	材料	参数	完成时间
美国 General Atomisc	Bi2223 带材	7. 2kV/1. 2kA	2002
日本 Toshiba	Bi2223 带材	66kV/750A	2004
韩国 Yonsei	Bi2223 带材	6. 6kV/200A	2004
中国科学院电工所	Bi2223 带材	10. 2kV/1. 5kA	2005
日本 Toshiba	Bi2223 带材	67kV/3kA	2009

（7）有源型

有源型 SFCL 的基本结构特点为融合了电力电子器件、现代控制理论和超导材料技术，图 3 - 6 与图 3 - 7 分别为中国科学院电工所提出的两种有源 SFCL：电流补偿型及储能 - 限流型。

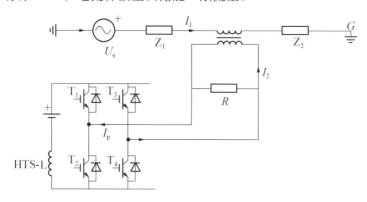

图 3 - 6　电流补偿型有源 SFCL

电流补偿型有源 SFCL 由超导电感线圈、电流型变流器、限流电阻及常规耦合变压器组成，其具体工作原理为：在系统正常运行时，调节变流器交流侧的输出电流 I_p，使其同变压器二次侧电流 I_2 保持一致，此时限流电阻 R 上无电流通过，相当于变压器二次侧线圈被旁路，装置对系统影响较小。在发生故障后（负载 Z_2 被短路），系统主电流 I_1 迅速

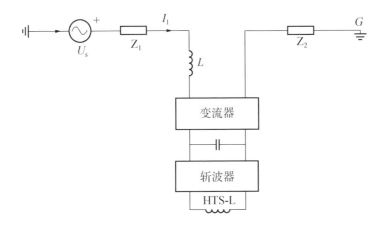

图 3 - 7　储能 - 限流型有源 SFCL

增加，而 I_2 也要相应上升，其超出变流器输出电流 I_p（I_p 保持不变）的补偿部分将会转移到限流电阻 R 上，相当于 R 立刻投入进行故障限流。

储能 - 限流型有源 SFCL 由超导储能线圈、斩波器、变流器及限流电抗器组成，其工作原理为：当线路处于正常运行时，调节变流器输出的交流电压，使其完全补偿限流电抗器 L 的电压，从而 SFCL 的输出电压为零，装置对系统运行没有影响；在发生短路故障后，线路主电流 I_1 将会迅速增加，限流电抗器 L 上的电压将超过变流器输出电压的补偿值，电感自动投入进行限流操作。

2. 超导限流器研发与应用

从研发上来看，目前中低压的超导限流器技术已经初步成熟，ABB、美国超导（AMSC）、Zenergy 等公司已经具备少量生产的能力。从应用上来看，还没有形成商业化，国外也只有 10 台左右在挂网试运行。

世界上第一台超导限流器是 1995 年美国 LMC 公司、AMSC 和 LANL 国家实验室联合研制开发的 2.4kV/2.2kA 桥路型高温超导限流器，它在南加州爱迪生电站成功地通过了 36 个星期试验运行。它能够在故障后 8ms 内做出反应，能将故障电流的第一峰值限制在期望短路电流不接限流器的 52%，并将第一峰值后的故障电流限制在 42%，且对相隔 0.8s 的两个连续短路故障成功地做出了反应。

1999 年，美国通用原子能公司与 AMSC 合作研制成功一台 15kV/1.2kA 桥路型超导限流器，它可将最大短路电流从 20kA 限制到 4kA。2007 年 1 月，AMSC 与西门子公司合作生产了一台 7.5kV/300A 的单相超导限流器，经试验其能够将 28kA 的短路电流限制至 3kA。

美国 Zenergy 公司于 2007 年 10 月在太平洋电气公司完成了第一次测试，其超导限流器规格为 480V/460A；然后又分别在英国、哥伦比亚和加拿大测试了其 13.1kV 的超导限流器，稳态电流从 10kA 到 16kA。在 16kA 稳态电流条件下，其对 39kA 的故障电流降低率达到了 23%。2009 年 3 月，该公司一台 15kV/1200A 的饱和铁芯型超导限流器在南加州爱迪生电站开始运行。

美国一向对超导技术非常重视，美国 SuperPower 和 SC Power (Zenergy)等公司对 138kV/1200A 的饱和铁芯型超导限流器进行了研究，并于 2012 年在美国 AEP'Tidd substation 挂网试运行。

1999 年，德国西门子公司与加拿大 Hydro – Quebec 电力公司合作完成了利用 YBCO 薄膜研制 0.77kV/135A 电阻型限流器，2001 年在此基础上进一步研制出 8kV/1.0MVA 电阻型限流器并完成测试。德国卡尔斯鲁厄研究中心技术物理研究所和 Nexans 等公司合作，用 Bi2212 材料研制了 10kV/10MVA 电阻型三相高温超导限流器，其稳态电流为 600A，并于 2004 年在德国的莱茵 – 维斯特伐伦电力公司挂网试运行 9 个月，其成功将 18kA 的故障电流限制至 7.2kA。

2009 年，西门子公司和美国超导公司、Nexans 公司合作研制了一台 115kV/800A 的电阻型超导限流器，其超导限流单元的结构如图 3 – 8 所示。

瑞士 ABB 研究中心一直从事屏蔽型超导故障限流器的研究，1996 年成功地研制出一台用 Bi2212 材料制成的 10.5kV/

图 3 – 8   115kV/800A 电阻型超导限流器

70A 屏蔽型三相高温超导限流器，该限流器能在第一个半周波内将短路电流从 60kA 限制到 700A，1997 年该限流器安装在 Lontsch 变电站进行试运行。2002 年，瑞士 ABB 研究中心又用 Bi2212 材料研制出 0.8kA/8kV 电阻型高温超导限流器，它可以将短路电流从 20kA 限制到 2.7kA，该限流器已在瑞士 Baden 的电力实验室试验成功。

日本 2000 年研制出了用于配电系统的 6.6kV/2kA 的低温超导限流器，其在实验中将 1550A 的短路电流限制至 840A。另外，名古屋大学研制的 22.9kV/2MVA 和 6kV/2MVA 的两种超导限流器已经进入实验室性能试验阶段。日本东京电力和东芝正在合作进行 500kV/8kA 的超导限流器的研究。

韩国电力公司完成了 154kV/2kA 的电阻型超导限制器的研发。

我国在超导限流器的研究和开发方面虽然起步较晚，但进步很快。中国科学院电工研究所于 2002 年 3 月成功研制出了我国第一台三相混合型 400V/25A 高温超导限流器，其短路电流缩减率达到了 80%；2004 年又研制了一台 600V/60A 改进桥路型超导限流设备实验样机。2005 年则完成了 10.5kV/1.5kA 改进桥路型三相高温超导限流器样机的研制，并在湖南娄底市高溪变电站挂网运行成功，通过了验收。它是继瑞士、美国和德国之后世界上第四台并入实际电网试验运行的超导限流器，根据试验，它成功将短路电流从 3.5kA 限制到 635A，响应时间在几个毫秒级别。

北京云电从 2003 年开始采用饱和铁芯型技术来发展超导限流器项目，2008 年 1 月其与百利机电共同研发与制造的 35kV/1.2kA/90MVA 的饱和铁芯型超导限流器(Saturated Iron Core SFCL，SIC - SFCL)在云南普吉变电站挂网运行成功，并于 2009 年 7 月通过验收，成为世界上挂网运行电压等级最高、容量最大的超导限流器之一。该限流器成功将 41kA 的短路电流限制至 20kA 以下，限流响应时间在 5ms 以内，直流回路恢复时间小于 0.8s。北京云电与百利机电公司在“十一五”“863 计划”支持下，已经研发出 220kV/800A 的饱和铁芯型 SFCL。该项目自 2007 年启动以来，经过几年的设备研制，于 2012 年 1 月 8 日在天津电网 220 千伏石各庄变电站安装调试完毕并运行（图 3 - 9）。这也是我国自主创新研制的世界第一台 220kV 饱和铁芯型高温超导限流器。

中国科学院电工研究所和中天科技集团公司在"十二五""863 计划"的支持下，对 220kV/1500A 电阻型超导限流器的设计进行了深入研究；该

图 3 - 9　220kV/800A 饱和
铁芯型超导限流器

限流器可将短路电流由 63kA 限制在 37.8kA 之内，电流缩减率超过 40%。同样，在"十二五""863 计划"支持下，广东电网公司联合云电英纳超导公司、特变电工、西安聚能超导等单位开展 500kV 饱和铁芯型超导限流器研究，研制的 500kV/3150A 超导限流器样机完成多项验证试验，并于 2017 年 7 月通过国家科技部验收，这标志着我国自主研发的世界首台 500kV 高温超导限流器获得成功。

超导限流器的技术性能接近理想的限流器，其优点包括：①正常运行时电阻为零；②自触发，无须外部控制系统；③动作速度快，可在 1ms 以内完成限流动作；④限流深度通常可达预期故障电流峰值的 50%。超导限流器的缺点源于对低温制冷系统的高度依赖，主要包括：①附加能耗不容忽视，一条 150m 长的超导电缆低温制冷系统的功率为 6～10kW；②低温制冷系统的液氮损耗，一个大型制冷系统一昼夜液氮损耗量可达 120L；③为保证限流器在变电站停电时的可靠性，低温制冷系统要配备不停电源；④如超导元件失超，限流功能恢复时间需 1s～1min。

此外，由于超导电阻限流造价高、失超恢复速度慢，因此其难以在高压及特高压输电网中大规模推广。对于电阻型超导限流器而言，应用于高压及超高压领域，需采用液氮绝缘，液氮汽化对绝缘的影响非常大，因此，线圈单元和支撑绝缘子的绝缘距离通常需按照氮气耐压设计，使得装置体积和占地空间均很大。

3.2　常规限流技术

常规限流器包括 PTC 电阻限流器、固态限流器、磁饱和开关型限流器、串/并联谐振限流器、串联电抗限流装置、开关投切电抗型限流器、高耦合分裂电抗型限流器等多种类型。

1. PTC 电阻限流器

PTC 热敏电阻是一种非线性电阻。PTC 电阻在室温时电阻值非常低，而当温度高于一定值时电阻值在微秒级时间内可以提高 8～10 个数量级。PTC 电阻限流器就是利用 PTC 电阻的这种阻值随温度剧烈变化的特性来限流的，即正常运行时 PTC 材料保持低阻值状态；当短路发生时，短路电流引起 PTC 材料温度骤增，从而在极短时间内 PTC 电阻值大幅增加，起到限制短路电流的作用。利用这种特性研制的故障限流器在国内外的低压领域已有商业应用。

然而 PTC 电阻限流器使用中也存在一些问题，包括：①在限制感性电网电流时，PTC 型故障电流限制器会产生很大的过电压，两端必须并联限过电压保护设备；②PTC 电阻比较容易受外界因素影响；③由于发热缘故，高压系统中对与之连接的设备的热效应和机械强度要求高；④在每次限制短路电流且故障被切断后，PTC 电阻需几分钟的恢复时间，且这种限流器在使用多次后也会导致性能变化，必须更换；⑤单个 PTC 电阻固有电压与额定电流低，通常只有几百伏、几安，必须串、并联使用，难以应用于高压、超高压电网。

2. 固态限流器

随着大功率电力电子器件的发展，出现了固态限流器（Solid State FCL）。固态限流器的基础模块是由晶闸管或可关断的电力电子器件（IGCT/IGBT/SGTO）与限流元件、控制系统组成。正常运行时开关器件处于导通状态，将限流电阻或限流电抗旁路；故障发生时开关器件强迫关断，使限流元件插入回路。固态限流技术主要通过电力电子器件的导通和关断将故障电流转换到限制回路中实现限流的。该技术采用电力电子器件，动作速度快，可多次频繁操作。主要有电抗器限流、谐振型限流、可变阻抗式限流、具有串联补偿作用的限流、无损耗电阻器式限流、固态开关限流和混合限流等方式，其中固态开关限流技术可用于直流系统。

电抗器限流装置一般由一组反并联的 GTO 和限流电抗器并联组成，图 3 – 10 所示为美国电科院 EPRI 基于该原理提出的固态限流器。电路正常工作时 GTO 导通，当电路发生短路时，断开 GTO 使限流电抗器接入电路以限制短路电流。该类限流器的主要缺点是：①成本昂贵；②要求保护电路响应速度快；③GTO 快速截断会使 di/dt 和 dv/dt 极大，从而必须采取措施以抑制过电压和附加振荡。

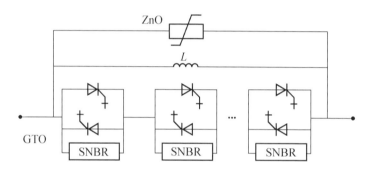

图 3 – 10　美国电科院 EPRI 提出的电抗器型限流器

固态限流器的优点是动作时间短、可控性好、重复性好。主要缺点是：正常运行时开关器件长期处于导通状态，通态能耗不容忽视；固态限流器需用多重模块串联以耐受系统的暂态过电压，所需器件多、造价贵。受电力电子器件耐压水平的限制，目前研制的固态限流器主要适用于配电系统。固态限流器样机已在配电系统试运行，例如 EPRI 与 Silicon Power 联合开发的三相 15kV/1.2kA 限流器，由 10 个模块串联组成，可将短路电流预期峰值 23kA 限制到 9kA。

3. 磁饱和开关型限流器

磁饱和开关型限流器是国内外近些年开始研究的新型故障电流限制器，其一次主体设备集成在变压器油箱中，正常运行过程中通过磁路饱和控制等效调节串入线路的阻抗，发生故障时通过开关主动控制使磁路进入非饱和区，从而增大串入线路的阻抗，进而实现对故障电流的限制。

图 3-11 所示是其工作原理示意图。限流器采用低压直流励磁设备控制变压器高压绕组。在正常运行状态下，通过直流励磁设备输出较大励磁电流到控制绕组，控制主铁芯深度饱和，对外呈现阻抗接近于零，不影响系统潮流和输送能力。在故障状态下，控制保护设备迅速识别故障信号，瞬时切断励磁电流输出，主铁芯快速退出饱和状态，对外呈现高阻抗，从而限制短路电流。待故障消失后，控制器重新投入励磁电流，成套装置恢复至低阻抗状态。

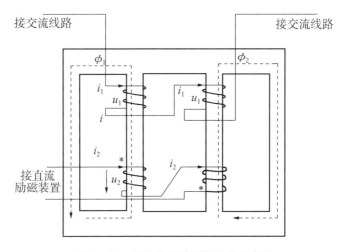

图 3-11　磁饱和开关型限流器示意图

饱和铁芯限流器的优点是动作速度快，功能恢复时间短；缺点是体积大，造价昂贵，能耗高，控制复杂，妨碍了其在高压电网的进一步发展。其商业化应用面临的挑战是，如何减少装置的体积、重量和磁性材料的消耗；此外，需要设法降低提供预饱和电流的直流电源功率及产生的附加能耗。

一种结合快速断路器与并联限流支路的改进型磁效应短路故障限流器如图 3-12 所示。该限流器将限流电阻 R 与含磁芯的电抗器 L 串联，再与一个快速断路器 CB 并联，最后在其上并联一个避雷器。与现有的含直流系统的饱和铁芯短路故障限流器相比，该磁效应短路故障限流器结构简单，避免了直流系统和超导直流线圈的使用，从而提高了限流器的可靠性，降低了制造成本。此外，还实现了电抗与电阻的共同限流，可限制故障电流的峰值和稳态值，提高了限流能力，有利于提高电网电能质量及系统的稳定性和安全性。

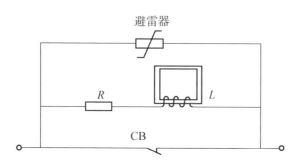

图 3 - 12　改进型磁效应短路故障限流器

其中，断路器 CB 为快速断路器，一般要求在 5ms 以内将故障短路电流转移，并且具有一定的短路电流开断能力，从而保证在正常工作时，电流流过断路器 CB；当短路故障发生时，断路器能够快速打开，同时将故障电流转移至限流电阻 R 与电抗器 L 串联的支路，利用电抗器 L 和限流电阻 R 的串联结构来限制短路电流，因而可以限制故障电流的上升率和峰值，也可限制故障电流的稳态值。并联的避雷器用于限制系统过电压，防止过电压对设备等产生的损坏。避雷器可采用氧化锌等压敏电阻。一般情况下，避雷器呈高阻态；当其端电压达到避雷器的启动电压时迅速呈现低阻态，限制过电压幅值；电压值正常后，避雷器又迅速恢复至高阻态，以保证系统正常工作。此外，电抗器 L 含磁芯，该磁芯可根据系统中故障短路电流的限流要求选择不同的材料或结构，从而使电抗器值随电流变化呈现非线性变化，实现不同的限流效果。

4. 串/并联谐振限流器

串联谐振限流器(Series Resonance FCL)，又称"基于晶闸管保护的串联补偿限流器"(TPSC Based FCL)，是目前唯一可用于超高压电网的限流器。串联谐振限流器的方案最早由西门子公司提出，它的电路拓扑结构是可控串补(TCSC)的延伸。由于使用了大功率电力电子器件，有人把它列入固态限流器的范围。

谐振式限流器包括串联谐振限流器和并联谐振限流器，利用串联谐振电路阻抗为零、并联谐振电路导纳为零的特点设计。在系统故障时，迅速触发电力电子开关，使其等效阻抗迅速从低阻抗转换到高阻抗。由于故障电流将通过电力电子开关，故要求谐振式限流器对故障具有很快的响应速度。

图 3-13 所示为串联谐振限流器的工作原理图，正常工作时 SCR 不导通，L 与 C 处于串联谐振状态，阻抗为零；当发生短路故障时导通 SCR 使电抗器接入电路而限流。图 3-14a 为 SCR 控制并联谐振限流器工作原理图，C 串联在线路中，正常工作时提供串联补偿；当发生短路时导通 SCR 使 L 与 C 发生并联谐振以限制故障电流。图 3-14b 为 GTO 控制并联谐振限流器工作原理图，正常工作时电流通过 GTO；电路发生短路时将 GTO 关断，则电流转移到并联谐振电路中，达到限流目的。

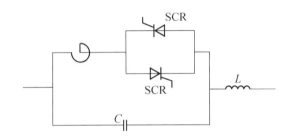

图 3-13　串联谐振限流器工作原理图

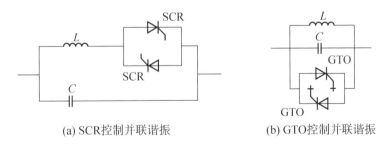

(a) SCR控制并联谐振　　　　　(b) GTO控制并联谐振

图 3-14　并联谐振限流器工作原理图

一种典型的可变阻抗式限流器工作原理如图 3 - 15 所示，正常工作时，SCR 处于关断状态，C 与 L_2 串联谐振，线路阻抗为零；当电路短路时，导通 SCR 使 L_1 和 C 发生并联谐振从而限制短路电流。图中，通过改变 SCR 的触发角即可改变 L_1 的大小，从而控制装置阻抗大小，但 SCR 的触发角与阻抗关系复杂，同时运行会产生大量谐波，难以控制。

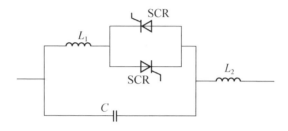

图 3 - 15   可变阻抗式限流器工作原理图

并联谐振限流器不仅存在电容器的过电压问题，而且在故障保护期间，存在由电容器容抗和系统感抗引起的谐振电流问题。如果将限流器用于 500kV 及以上电压等级的电网中，由于承受系统主电压，其串联的电力电子器件数目将很大，造价高且可靠性低，因此在高压电网中基本不使用并联谐振限流器。

前述几种限流器中，只有串联谐振限流器在超高压电网得到应用，成为进入商业化应用的限流器。国内外进入试验示范的有两个工程：

一是西门子公司研制的新型 TPSC 限流器(图 3 - 16a)，在美国加利福尼亚州 500kV Vincent 变电站投入运行。它用光触发的大功率晶闸管和 MOA 联合，作为串联电容器组的快速旁路开关。现场短路试验验证了它的可行性和动作可靠性，可将预计的 80kA 短路电流限制到 50kA 以下。

二是中国电力科学研究院和华东电网公司等单位联合研制的高可靠性串联谐振限流器(图 3 - 16b)。该装置采用了大功率晶闸管阀受控启动和无源自启动、可控放电间隙和金属氧化物限压器联合保护串联电容器等措施，提高了限流器的动作可靠性。经过系统的仿真研究，妥善解决了限流器与现有的继电保护、断路器的兼容问题。2009 年底，该装置在华东电网 500kV 瓶窑变电站投运。现场短路试验证明，该限流在故障发生后 1.0ms 即进入限流状态，可将 63kA 短路电流限制到 47kA 左右。

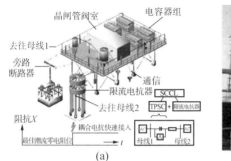

图 3-16　串联谐振限流器示范工程

串联谐振限流器的优点包括：①晶闸管阀只需耐受串联电容器两端的电压，可用于超高压电网；②正常运行时晶闸管阀处于关断状态，附加能耗小；③可控性和可靠性高；④电网黑启动时仍有限流功能。其进入市场规模应用的主要障碍是造价高，占地面积大，长期处于热备用的晶闸管阀及其控制系统的运行维护麻烦。

5. 串联电抗限流装置

串联电抗器是通过增加系统联系阻抗，降低电网的紧密程度，从而减小变电站母线某些分支的短路电流，可有效地降低系统的短路电流水平。相对于其他限制短路电流的措施，直接串入限流电抗器，系统正常运行时不改变潮流分布，而短路时可以有效地限制短路电流，但不会造成系统可靠性的显著下降，因而是一种较为可行的办法。串联电抗限流原理如图 3-17 所示。

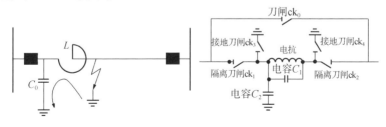

图 3-17　串联电抗限流装置示意图

　　高压限流电抗器容量大，结构复杂，在巴西、美国和澳大利亚等国家应用较早，目前限流电抗器的制造水平已达到较高程度。ABB、西门子和 Trench 三家公司在世界范围内 330kV 及以上电网中，均有应用串联电抗器解决短路电流超标的工程实例，从目前各国限流电抗器的应用情况来看，均未出现重大故障，运行情况良好，且有效地降低了短路电流水平。国内华东电网、南方电网在 500kV 线路也安装了串联电抗器。如，南方电网短路电流计算结果表明，500kV 线路深圳—东莞鹏城线加装串联电抗器后，可有效降低近区电网短路电流，从而使得相连的 500kV 鹏城、深圳两变电站短路电流水平分别下降 8.8kA 至 12.4kA 不等。

　　为减少多个枢纽变电站因面临短路电流水平超过开关遮断容量的威胁而被迫采取的拉停开关、线路断线等临时措施，同时为保持良好的主网结构，增强系统的抗风险能力和提高运行方式安排的灵活性，保证电网安全可靠运行，加装串联电抗器有较大现实意义。

　　国内北京电力设备总厂也成功研制了应用于 500kV 电压等级的 152.46Mvar 大容量限流电抗器。

　　输电线路装设串联电抗器加大了线路阻抗，等同于增加输电线路的距离。一般来说，串抗阻值越大，对限制短路电流越有利，但产生的无功损耗也越大，对潮流和系统稳定也越不利。此外，串联电抗器制造费用较为昂贵，阻抗值越大造价越高，选择较小的阻抗值可以降低投资。因此，串抗额定阻抗的选择原则为：在系统短路电流满足安全要求的前提下，选择装设阻抗值较小的串联电抗器配置方案。

　　该方案原理及结构简单，可靠性高，造价低。存在的主要问题是：电抗器不可控，增加了线路阻抗；稳态压降大，损耗大，限制了线路的自然传输容量，降低了线路的资产利用率。虽然串联限流电抗在电力系统已有较多应用，但实属没有其他可靠的短路电流解决方案下的无奈之举。

6. 开关投切电抗型限流器

　　开关投切电抗型限流器是采用 10kV 快速真空开关与限流电抗并联，通过快速开关动作接入电抗器来实现限流。

　　采用开关投切电抗器的缺点是开关的电弧电压极低，如果电感为毫亨级，根本无法实现转移。可将每一个电抗器的电感量降低，或在电抗器上跨接较大容量的电容器，先将短路电流转移到电容器，再转到电抗器来解决这个问题。美国电力研究院若干年前做过研究，认为原理上可行，但电容器容量大，实现困难。

我国宁夏电科院依据上述原理研制了开关型零损耗330kV电网限流装置，并开发出适用于电网限制短路电流需要，合闸时间12ms，分闸时间5ms的快速开关。通过短路电流过零开断技术的实验室仿真验证了"相控过零开断"技术可行，并实现将短路故障快速识别和短路电流过零开断技术应用到超高压电网中。在宁夏电网330kV安迎Ⅰ线的超高压线路上，在分别串联两个和六个限流单元情况下，完成了两次人工短路考核试验（最大可将线路短路电流降低约40%）。这也是国内首次在超高压系统采用快速真空开关与限流电抗器并联技术和限流单元的模块化设计，正常运行时限流器无损耗，短路时可在20ms内将系统短路电流限制在较低幅值内。

该限流装置采用倒置式CVT由330kV线路直接获取快速开关的工作电源，以"恒流"取能方式确保装置电源的稳定供能，并由此建立一个高压平台，将在中压电网经过多年运行考验的成熟快速涡流驱动技术、短路故障快速识别技术、氧化锌阀片的动态均能技术以及基于快速真空断路器的相控技术集成，以实现对高压、超高压系统短路电流限制（图3-18）。

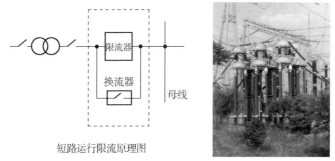

短路运行限流原理图

图3-18 开关型零损耗限流装置示意图

开关型零损耗限流装置的优点是损耗小，动作快，模块化；缺点是大电流转移难，所需模块多，同步控制难。快速开关采用倒置式CVT

高空取电，可靠性不高，运行维护不便。此外，要实现大电流转移十分困难，受真空泡开断能力限制，理论上该方案仅具备 50kA 开断能力。因短路电流峰值未受限制，如要抑制大的短路电流，则开关及刀闸、CT 等设备动热稳定及关合能力均应重新设计、改造。

7. 高耦合分裂电抗型限流器

采用耦合分裂电抗器实现大电流抑制与开断是近年出现的新技术。电抗器由两组相互反绕线圈组成，在耦合度很高的情况下，正常运行时对外呈现感抗很小，而在限流时呈现高阻抗，如图 3 - 19 所示。

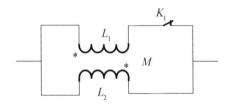

图 3 - 19   高耦合电抗型限流装置示意图

对于耦合分裂电抗型限流器，其线圈间的耦合系数是极为重要的技术指标，耦合系数越高，则正常运行时感抗越小，对系统的影响也就越小。如果实际设计的高耦合分裂电抗器（HCSR）两臂限流电感分别为 L_1、L_2，设 HCSR 两臂线圈互电感为 M，则 HCSR 耦合系数（耦合度）可以定义为

$$耦合系数 = \frac{M}{\sqrt{L_1 \times L_2}}$$

式中，M 为 HCSR 两臂间的互电感；L_1、L_2 分别为 HCSR 两个支路的限流自电感。对于合理设计的 HCSR，L_1、L_2 几乎相等。

中国科学院电工研究所和辽宁丹东欣泰电气公司合作研究了 220kV 分裂电抗型限流器相关技术，提出了单模块和多模块的分裂电抗型限流器拓扑，其研发的 220kV/1500A 耦合分裂电抗型限流器，可将 63kA 短路电流限制到 30kA 左右，但其耦合系数偏低，漏感较大。

广州供电局有限公司、华中科技大学、西安西电变压器有限责任公司等单位已研制出基于高耦合分裂电抗器自动均限流技术的经济型大电流开断装置，耦合系数达 0.97，正常运行趋于无感，其220kV/3150A－88kA 样机已通过国家质检中心验证试验。其特点是体积小，造价低，可靠性高，限流深度大。因此，高耦合分裂电抗器在 500kV 及以上系统展现出良好的应用前景。

3.3 电力电子开断及限流技术

近年来，以半导体器件为主开关的固态断路器，以其固有优势而受到广泛关注，常用器件的容量见表 3－3。固态断路器已由最初的静止型断路器发展到混合型断路器。早期以晶闸管等器件作为开关元件的固态断路器因没有机械运动部件而被称为静态断路器；而混合型断路器是将电力电子器件与机械式开关并联而成的，典型结构如图 3－20 所示。固态断路器有开断时间短、不生弧、无弧光、无声响等优点，但同时也具有成本高昂、器件通态损耗高、单管容量小等缺点。下面将简要介绍几种固态断路器的工作原理。

表3－3 常用功率器件容量

器 件	性 能	器 件	性 能
SCR	8kA/12kV	IGCT	4.2kA/6.5kV
GTO	10kA/8kV	ETO	5kA/4.5kV
IGBT	1kA/6.5kV	MOSFET	200kA/1.5kV

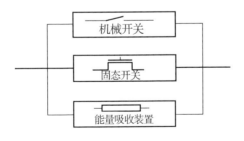

图 3－20 混合型固态断路器典型结构

1. 基于变换器移相、闭锁的固态直流断路器

如图 3－21 所示，G_1、G_2、G_3 为可控硅，R 为线路负载。顺便指出，可控硅是半控型器件，要使其关断，只有将阳极与阴极之间的电压减小到零或变为负值，使阳极电流小于维持电流。按其关断、导通及控制方式可分为普通可控硅、双向可控硅、逆导可控硅、门极关断可控硅（GTO）、BTG 可控硅、温控可控硅和光控可控硅等多种。

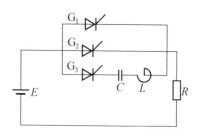

图 3-21　基于变换器移相、闭锁的固态直流断路器工作原理图

正常工作时，G_1、G_2 导通；电路出现故障需要断开时，将 G_3 导通，则预先充电的电容 C 为 G_1 和 G_2 两端提供反向电压迫使其关断。该类断路器没有触电，因此不产生电弧，适用于中小容量系统的开断。但半导体器件本身耐压、耐流较低的特点给其应用带来一定局限性，即使采用串、并联方式也存在同步和均压等问题；此外，半导体器件正常工作时也存在一定损耗。

2. 基于 SCR 的谐振型直流固态断路器

基于 SCR 的谐振型直流固态断路器借鉴了谐振强迫换流关断思想，结合了软开关技术，主要由主开关电路和辅助开关电路构成，其电路结构如图 3-22 所示，上面方框内为主开关电路，下面方框内为辅助开关电路。主开关电路主要是正常工作时起导通电流的作用，辅助开关电路主要起主开关管的软开通和辅助关断作用。

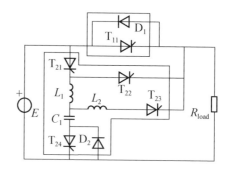

图 3-22　基于 SCR 的谐振型直流固态断路器电路结构图

开通过程：首先导通 T_{21}、T_{23}，则由电源 E、T_{21}、L_1、L_2、T_{23} 和负载 R_{load} 构成回路，由于电感电流不能突变，从而实现了开关管的零电流开通。接着电路中电流将以指数形式上升到电路的正常工作电流，此时

主开关管 T_{11} 端电压接近零，导通 T_{11} 实现了主开关管的零电压软开通。同时导通 T_{24}，由于电容电压不能突变，所以 C_1 两端电压此时为零，亦即 L_2 两端电压被强迫反向，其电流迅速下降，从而迫使电流转向主电路，完成开通过程。

正常开断过程：当需要开断电路时，首先导通 T_{22}，则开通过程中已充电的电容 C_1 将通过 L_1 放电，发生谐振。由于负载中电流恒定，并且等于谐振电流和通过 T_{11} 电流的叠加，所以通过 T_{11} 的电流将随谐振电流的增大而减小；当谐振电流大于负载电流时，通过 T_{11} 的电流减小到零而 T_{11} 自然关断，此时负载电流完全由谐振电路提供，多余的谐振电流将通过 D_1 返回电网。当电容 C_1 放电完毕，电压降为零时，关断过程结束。

故障开断过程：与正常开断类似，都是利用 L、C 谐振使主开关中电流过零。电路发生故障时，先导通 T_{23}，则 C_1 通过 L_2 放电，L_2 取值较小以保证谐振电流上升速率高于故障电流；当谐振电流上升到故障电流大小时，T_{11} 因电流过零而关断，此后负载中电流完全由谐振电路提供，多余的谐振电流将通过 D_1 返回电网。当电容 C_1 放电完毕，电压降为零时，关断过程结束。

3. IGBT 与机械式断路器结合的混合型断路器

IGBT 是绝缘栅双极型晶体管的缩写，由 MOSFET 和双极型晶体管复合而成，输入极为 MOSFET，输出极为 PNP 晶体管，它融合了这两种器件的优点，即驱动功率小、开关速度快、饱和压降低且容量大，因而在较高频率的大、中功率中应用广泛。

针对静态断路器设备的过压过流、器件损耗大等问题，采用机械式断路器与电力电子开关结合的方式，有效利用了机械式断路器良好的静特性与电力电子开关的动特性，构成了兼具两者优点的断路器。IGBT与机械式断路器结合的混合型断路器基本原理如图 3 – 23 所示，主要由主开关 S、IGBT、二极管和 ZnO 压敏电阻构成。正常工作时电流通过主开关 S 流动，当出现故障需要断开时，打开主开关 S，同时导通 $IGBT_1$、

IGBT₂，在 S 触点间将产生电弧；而电弧电压的反电势作用会将电流切换到固态开关部分，S 触点间隙完成介质恢复，关断 IGBT₁ 和 IGBT₂，利用 ZnO 压敏电阻耗散掉系统电感中的能量。

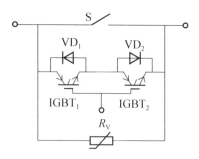

图 3-23　IGBT 与机械式断路器
结合的混合型断路器

4. 混合型限流断路器

混合型限流断路器由高速斥力开关和双向快速晶闸管电路并联组成，电路原理如图 3-24 所示。电路发生短路需要断开时，同时给开关 SW 斥力线圈回路中的晶闸管 VT₀ 和换流支路上的快速晶闸管 VT₁、VT₂ 触发信号，则电流将从 SW 上转移到换流支路上。然后导通 VT₃、VT₄，从而预先充电的电容 C 将为 VT₁、VT₂ 两端加一反向电压，使其电流减小到零而关断。其中压敏电阻 MOV 的作用与之前几种情况类似，用于抑制系统过电压和吸收线路电感储存的能量。

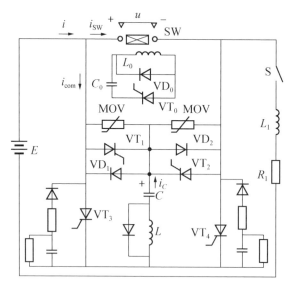

图 3-24　一种混合型限流断路器电路原理图

其中高速斥力开关结构如图 3 - 25 所示，由永磁机构、电磁斥力机构、触头机构组成。正常工作时利用永磁机构的永磁体产生的吸力使动铁芯保持在合闸位置；正常分闸时给分闸线圈通电，使动触头向上运动到分闸位置；当电路短路时，给斥力线圈通电，则在斥力铜盘中会感应出与线圈电流方向相反的涡流，从而产生强大的电动斥力推动动触头迅速向上运动；故障解除后给合闸线圈通电，使动触头向下运动而合闸。

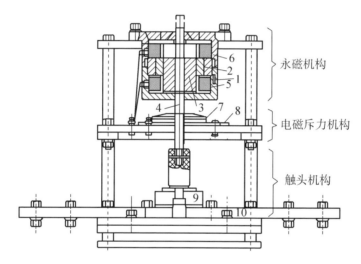

1—静铁芯；2—永磁体；3—动铁芯；4—连杆；5—合闸线圈；
6—分闸线圈；7—斥力铜盘；8—斥力线圈；9—动触头；10—静触头
图 3 - 25　高速斥力开关结构示意图

第4章 大容量短路电流抑制
与开断技术应用案例

4.1 国外应用案例

1. 大容量断路器

在大容量开断装置的应用市场上，ABB、西门子公司占据了主要地位，其自主研发的 HPL 压气式系列大容量柱式断路器在世界各地都有应用，包括在中国特高压电网中。国外几家主要的大容量 SF_6 断路器生产商的产品参数见表 4-1。

表 4-1　国外 252kV 和 550kV 的 SF_6 断路器主要参数

制造商	断路器型号	额定电压 U_r/kV	额定电流 I_r/A	短路开断电流 I_{sc}/kA	额定峰值耐受电流/kA
阿尔斯通	GL314	245	4000	50	170
	GL317X/D	550	4000	50/63	170
	DT1-245H1	245	5000	63	170
	DT2-550F3	550	3000/4000	40/50/63	163
西门子	8DQ1	550	5000/6300	63	170
	8DN9	245	3150	50	135
ABB	PMI90	245(60Hz)	2000/3000/4000/5000	90	
	242PMI50-50	245	5000	50	
	242PMI63-50	245	5000	63	
	242PMI80-50	245	5000	80	
	550PMI50-40	550	4000	50	
	550PMI63-40	550	4000	63	
	550PMI80-40	550	4000	80	
	LTB1/550E2	550	4000	63	120

近年来，国外部分国家在电网中投入运行了大量大容量断路器，运行容量普遍在 50～80kA，ABB 公司的 HPL 系列大容量断路器的典型应用案例如图 4-1～图 4-3 所示。

图 4-1　丹麦大容量断路器案例

图 4-2　阿曼大容量断路器案例　　图 4-3　瑞典大容量断路器案例

印度电网正在大力增加发电容量来满足增长需求。2013 年底，印度电网公司建造的 1200kV 国家测试站调试了 ABB 设计、制造、安装的全球最高交流电压断路器。该断路开关具有 10400MW 的开断容量，具备数十毫秒内开断 10 座大型电厂生产的电力的能力。

近两年我国政府支持设备走出去，巴基斯坦百万千瓦级核电站用的是中国西电集团研制的 210kA 大容量发电机出口断路器。同时，国家电网公司在国际上的合作项目越来越多，在非洲的第一个总承包项目——埃塞俄比亚复兴大坝输变电项目中使用中国平高集团研制的 550kV 超高压大容量断路器。

在大容量发电机出口断路器的应用方面，ABB 公司的 SF_6 发电机断路器的市场占有率高，约占发电机断路器市场的 70%。同时发电机断路器的参数高，其参数达到额定电压 25 ～ 30kV、额定电流 24 ～ 38kA、额定短路开断电流 160 ～ 200kA。还有其技术先进，如采用自能吹弧灭弧室，采用最新热管技术进一步提高额定电流。ABB 公司 HEC 型发电机断路器成系列，其额定电压有 25kV、30kV，额定电流有 13kA、24kA、38kA，额定开断电流为 160 ～ 200kA，额定短路开断电流有 100kA、120kA、160kA、200kA。其中以 HEC7/8 型产品参数最高，容量最大，其额定电压为 25 ～ 30kV，额定电流为 24 ～ 38kA，额定开断电流为 160 ～ 200kA。HECS 型发电机断路器已于 2003 年推向市场，当时其额定容量为 800MVA，短路开断电流可达到 130kA；使用自然冷却时，额定电流为 13kA；采用强迫冷却系统时，额定电流为 18kA。2007 年 ABB 公司采用所谓的"无源"冷却系统(运行时不需要泵、风机或电动机装置)取代所谓的"强制"冷却装置，将 HECS 型发电机断路器的额定电流从 18kA 提高到 23kA。这个无源冷却系统就是采用热管技术，实现更高效率的热传导，不仅使新开发的两款发电机断路器比原有产品质量更轻、更耐用，而且其性能也提高了 25% 以上。

2. 限流器

自 20 世纪 90 年代初以来，国外在固态限流器应用方面取得巨大进展。如，1993 年初，美国新泽西州 Mort Monmouth 的 Army Power Center 的 4.6kV 交流馈电线路上安装了一个由反并联 GTO 构成的 6.6MW 的固态断路器，平均工作电流为 800A，在发生短路故障 300s 内切断故障，起到有效的保护作用；西屋公司与 EPRI 合作，制造出一台 13.8kV/675A 的 FCL（与固态断路器 SSCB 组合），并于 1995 年 2 月安装在 PSE&G 的变电站投入运行；日本东北电力公司及日立公司研制了 Distribution Current Limiting Device（DCLD）的试验装置，并进行了试验。

超导限流器（SFCL）在国外工程研究文献中出现较多，在工程应用中较早的是 1995 年 Lockheed Martin 公司（美国）研制的桥路型 2.4kV/80A 的超导限流器。1999 年美国通用原子公司（GA）等 6 家公司联合研制的容量达 15kV/1200A 的 SFCL 在 Southern California Edison（SCE）中心变电站投运。

瑞士 ABB 公司也分别在 1996 年和 2002 年研制了 1.2MVA 和 6.4MVA 的电阻型超导限流器。2004 年，日本 Toshiba 公司利用超导高温材料研制了 66kV/750A 的超导限流器。

此外，1994 年日本富士电机与关西电力公司联合开发出由真空开关和 GTO 并联构成的 400V 配电用混合式限流器。1998 年 ACEC - Transport 和 GEC - Alsthom 公司开发了交直流两用的混合式故障限流器，且已形成商业化。近两年来，国外相关机构一方面主要完善前面的几种固态限流器，使之满足工业现场运行要求，更加实用和商业化；另一方面，更多工作均放在具有多种功能的限流器研究上，大部分研究结论倾向于将串联无功补偿和限流功能集于一身。

4.2　国内应用案例

1. 大容量断路器

国内已研发成功的 63kA 产品大部分在国内电网应用，一部分出口到东南亚、非洲。国内电网在高压、超高压、特高压线路中更多使用平高集团有限公司、西电集团公司等知名电气设备厂商生产的大容量断路器。近几年研制的断路器适用电压等级越来越高，但额定电流遮断容量都还在 63kA 及以下，主要厂家的产品参数见表 4 - 2。

表 4 - 2　国内 252kV 和 550kV 的 SF$_6$ 断路器主要参数

制造商	断路器型号	额定电压 U_r/kV	额定电流 I_r/A	短路开断电流 I_{sc}/kA	额定峰值耐受电流/kA
西安西电高压开关	LW25A - 252	252	4000	50	125
	LW25 - 252	252	4000	50	125
	LW23 - 252	252	4000	50	125
	LW - 252/63	252	5000	63	160
	LW15A - 550	550	5000	63	160
平高集团	LW55 - 252/Y4000 - 50 型	252	4000	50	125
	LW55 - 550/Y4000 - 50	550	4000	50	125
	LW10B - 550	550	4000	50	160
山东泰开	LW30 - 252(T)/T4000 - 50	252	4000	50	125
	LW30 - 550(T)/Y5000 - 63	550	5000	63	
杭州西门子	3AQ1	252	4000	50	125
	3PA	252	4000	50	125
	3AT/3EI	550	4000	50/63	125/160
西安西开	ZF8 - 550/ZHW - 550	550	3150/4000	50/63	125/160
	LW15 - 550/Q550	550	3150/4000	50/63	125/160
	LW15 - 550/Y	550	4000	63	160
云南云开	LW59 - 252	252	4000	50	125

目前，平高集团、西安西电集团的 63kA 断路器在国内市场处于领先地位。例如平高集团的 LW10B - 550 型 SF$_6$ 单柱双断口断路器（图 4 - 4）在武汉凤凰山变电站运行，满足运行中限制短路电流的要求。

图 4 - 4　63kA LW10B - 550 型 SF$_6$ 单柱双断口断路器

平高集团 LW10B - 363 型单柱双断口断路器(图 4 - 5),专为西北 330kV 电网设计,在宁夏石空变电站、银东变电站、甘肃平川变电站、西和变电站、东大滩变电站、兰州热电等系统内外均大量应用,并一次出口到尼日利亚 13 台,运行效果良好。

2008 年 7 月,厦门 ABB 开关有限公司向上海宝钢股份有限公司供应了一台世界上开断

图 4 - 5　平高集团 63kA LW10B - 363 型
单柱双断口断路器

速度最快、开断容量最大的 12kV Is - 快速限流器,为宝钢 1 号高炉 TRT 余热发电机项目提供发电机回路保护。ABB 公司的 Is - 快速限流器可保证在 1ms 内快速开断,开断电流有效值达 210kA。该设备能使短路电流在发生的瞬间就被开断,成功解决了短路电流开断难题。迄今为止,ABB 公司已经生产了数千套 Is - 快速限流器,在世界各地的交、直流,特别是在三相交流系统中保持了安全可靠运行。

如图 4 - 6 所示,国内 1000kV 特高压电网补偿装置使用 ABB 公司生产的 HPL 系列大容量旁路开关,满足特高压电网的运行要求。

图 4 - 6　国内 1000kV 电网补偿装置大容量旁路开关应用案例

在中、低压型大容量开断装置中，FUR 和 FSR 等类似产品目前已在冶金、煤炭、石化及供电企业中得到推广和应用。

FSR 装置已应用在曲靖供电局 220kV 陆良站主变 10kV 侧、景德镇发电厂、武汉钢铁集团、河北钢铁集团、南昌发电厂、刘家峡电厂、河北马头发电厂、陈村水电站等大批电厂和其他企业内部电网中；FUR 装置已应用于葛洲坝电厂、吉林丰满电厂、吉林白山电厂、四川宝珠寺电厂、贵州东风电厂、乌江渡电厂、黄河万家寨电厂等 300 多家大中型电厂。

运行实践表明，这两种装置在提高供电电网和企业内部电网的供电可靠性方面取得了良好的效果，得到了用户的好评。FSR 常应用于 3 - 35kV 交流电力系统中，安装在发电机出口和厂用变电站分支或母联处。FSR 与电抗器串、并联，开断能力一般都可以超过 60kA，可解决断路器开断能力不足和开断时间不足的问题；如与电抗器并联可以消除电抗器正常运行时带来的电能损耗、电压波动和漏磁场等问题。

伊顿电气 150VCP - WRG63 型发电机专用真空断路器在我国也有大量应用案例。2011 年，广西电力工业勘察设计研究院联合广西长洲水电开发有限责任公司针对长洲水利枢纽工程装机台数较多，发电机出口汇流母线短路电流达到 54.11kA，还出现操作过电压保护等状况，采用了伊顿电气 150VCP - WRG63 型发电机专用真空断路器，安装于 13.8kV 的配电柜中。150VCP - WRG63 型断路器开断能力达 63kA，开断直流分量 75%，开断时间仅 30ms，满足工程发电机回路短路电流

54.11kA、直流分量 50.7% 的分断要求。由于发电机回路具有高频、低阻抗和寄生电容的特点，因此能产生非常高的恢复电压上升率。150VCP – WRG63 型发电机真空断路器具备快速分断系统侧或发电机侧故障电流的能力，并能将瞬态恢复电压限制在标准值内。

2011 年开始，600MW 以上燃煤机组在设计时都考虑采用 GCB 方案。但目前配 300MW 及以上发电机组的 GCB 全部依靠进口的全封闭发电机断路器，价格相当昂贵。如，葛洲坝电厂使用 ABB 公司生产的 HEK3 型（2 台）、HECI5 型（22 台）和 HECI3R（4 台）SF₆ 断路器（短路开断电流为 100 ～ 120kA）。近年来西安高压电器研究所研发中心、沈阳高压开关厂对发电机出口断路器研究较多，但在新建的 600MW 以上火电机组上的应用不足。

2. 限流器

随着限流器（FCL）受到重视的程度日益提高，国内很多机构开始对其进行研究与应用。中国科学院电工研究所联合国内多家单位共同研发了我国首台三相高温超导限流器，成功将短路电流从 3500A（有效值）限制到 635A（有效值）。由天津机电工业控股集团公司和北京云电英纳超导电缆有限公司联合研制的 35kV 超导磁饱和型限流器，于 2007 年在云南成功投入电网运行，是当时世界上挂网试运行的电压等级最高、容量最大的超导限流器。云电英纳超导公司和天津百利机电公司研制了一套 220kV/800A 的饱和铁芯型超导限流器，并在天津供电局石各庄站的大孟庄线上挂网试运行。

华中科技大学研究的基于串联补偿的限流器使用了真空触发间隙或高速斥力机构操作的合闸开关，具有动作速度快、成本较低的优点。上海交通大学提出了一种适用于中高压电网的磁控开关型故障限流器结构，并研制了一台 220kV/50A 限流器模型机。浙江大学研制的 10kV/500A/2500A 带交流旁路限制电感、采用耦合变压器的新型固态限流器样机于 2006 年 12 月在绍兴电力试验站通过试验，取得令人满意的试验结果。

第5章 总结与展望

经过国内外众多高校、科研机构、企业持续多年的努力，大容量短路电流抑制与开断技术取得了长足进步。

在大容量断路器研发方面，ABB 公司开发的额定开断电流 80kA、额定电压等级在 1200kV 的 HPL 压气式系列柱式断路器处在国际领先水平。ABB 公司、法国 GEC – ALSTHOM 研制的发电机出口开断装置的短路开断电流已达 275kA（双灭弧室），也处于领先地位。国内平高集团、西安西电集团的断路器最大额定开断电流为 63kA，适用电压等级 800～1100kV，有罐式、柱式、自能式等多种类型，在高压、超高压、特高压方面都有应用。多家国内科研机构、企业正在研制开发短路电流开断能力为 80～90kA 的 220kV 及以上高压大电流断路器或开断装置，并取得了重要进展，建成了多个示范工程。

限流器方面，半个世纪以来，限流器的研究、设计、开发已取得重大进展，开发了大量样机并建成了多个试验示范工程。超导限流方面，我国已经在 220kV 电网建成示范工程，500kV 样机已经开发完毕。串联谐振限流器方面，我国也建成了世界首个 500kV 示范工程，处在国际领先水平。

通过综合分析大容量短路电流抑制与开断技术国内外现状及存在的问题，结合未来电网发展趋势，可以得出以下重要结论：

（1）随着社会经济的发展，电网的容量日益增加，互联程度持续增加，电网短路电流超标日趋严重，可以预见国内外对大容量短路电流抑制与开断技术的需求也将越来越大。

（2）大容量短路电流开断装置是解决短路电流超标的重要措施之一。开断电流 80kA 及以上的断路器或开断装置可较好地解决几大负荷中心短路电流超标的问题，通过提升短路电流水平恢复部分片解除运行

74

的联络线，提高电网的可靠性，也为电网进一步发展预留了足够的容量。为此，必须加快我国在该领域相关技术的研发。

（3）对于 80kA 及以上的断路器或开断装置的应用，需要对若干关键技术问题做进一步论证与研究，包括：80kA 及以上短路电流开断过程的系统过电压核算；80kA 及以上断路器或开断装置配套设备（包括隔离开关、互感器、避雷器等）的动热稳定设计与校验；变电站改造，如接地网进行升级改造等进行技术经济比较；应用工程的规划和实施等。

（4）总体而言，限流器的研究虽然取得重大进展，但由于技术特性有待改进、技术标准滞后、功能验证试验困难、运行经验不足，特别是造价偏高等原因，限流器商业化应用却举步维艰。国际大电网会议 WG A3－10 工作组的评估报告指出：40 多年来，尽管各国对限流器的研究表现出浓厚兴趣，但除少数例外，面向市场的限流器产品研发进展缓慢，要实现限流器商业化广泛应用，还需要解决一系列的挑战性问题：

①由于限流器涉及超导、电力电子、开关、电抗器、变压器等诸多专业领域，其技术标准的制定比一般电气设备要困难得多，还需要与各专业领域现有标准协调，难度大，所以至今未见限流器国际技术标准出台。限流器技术标准的滞后，在一定程度上制约了限流器的商业化应用。

②鉴于限流器技术的复杂性，适用于限流器的试验方法目前还未达成共识。全球主要的试验中心的现有试验设施，可满足配电网限流器试验要求，但不能完全满足输电网限流器，特别是大电流、高电压同时作用的功能验证试验要求，需要研究并提出等效性试验方法。

③由于限流器与断路器、变压器等设备有很大不同，加上功能特殊，其须经历实际短路故障考验才算积累了运行经验，但目前限流器普遍运行经验不足，是制约限流器推广应用的一大障碍，需要在实践中进一步考核。

④国际上普遍认为经济性、可靠性、运维方便性是决定限流器可否进入市场、得到推广的决定性因素。如果造价明显高于断路器，则难以得到推广，因此开发经济型限流器是今后的重要方向。

（5）由于故障限流器不仅可以在系统短路期间限制短路电流，而且在合适的条件下也会改善系统功角和电压的稳定性，从而大大拓展了故障限流器的应用领域。如改善直流受端输电能力,降低换相失败风险,提高电能质量,增强大规模新能源接入能力等,逐渐成为故障限流器新的发展趋势和研究热点。

面向未来,由于大电网与微电网融合,强电与弱电融合,电网设备承受过电压、过电流的脆弱性更加显著,预计对限流器将有更大需求。为了促进限流器商业化规模应用,需要开展限流器多用途的研究,扩展其应用范围。

参 考 文 献

［1］ 范瑾，蔡雪祥．电力系统短路电流限制器的研究［J］．动力工程，1997，17
　　（6）：30 – 35．

［2］ 熊炜，卢宏振．广东电力系统短路电流水平及限制措施研究［J］．贵州工业大
　　学学报：自然科学版，2002，31（5）：32 – 35．

［3］ Pertsev A，Chistjakov S，Rylskeya L．Paralled connection of several vacuum
　　interrupters in a circuit – breaker pole［C］．Proceeding of 21st ISDEIV，2004：333
　　– 336．

［4］ 陈轩恕，王泽文，邹积岩．真空断路器并联开断过程的实验研究［J］．高压电
　　器，1998（5）：33 – 37．

［5］ 杜砚，陈轩恕，刘飞，等．用于并联断路器的紧耦合电抗器设计［J］．高电压技
　　术，2009，35（11）：2870 – 2875．

［6］ 陈轩恕，尹婷，潘垣，等．基于单元化真空断路器串并联结构的大容量高压断
　　路器设计方案［J］．高电压技术，2011，37（12）：3157 – 3163．

［7］ 袁召，尹小根，潘垣，等．采用高耦合度分裂电抗器的并联型断路器均流过程
　　研究［J］．高电压技术，2012，38（8）：2008 – 2014．

［8］ EPRI. Superconducting power equipment［R］. Palo Alto：EPRI，2012．

［9］ 吴昊，应用于并联型高压断路器的高耦合度分裂电抗器高频暂态过电压研究
　　［D］．华中科技大学，2011．

［10］ A3. 23 Working Group. Application and Feasibility of FaultCurrent Limiters in Power
　　Systems［R］. Paris：CIGRE，2012．

［11］ 艾绍贵，高峰，黄永宁，等．330kV 开关型零损耗故障限流装置的研制及人
　　工短路试验［J］．智能电网，2015，3（4）：354 – 359．

［12］ 邱清泉，肖立业，张志丰，等．高压及超高压故障电流限制技术分析［J］．电
　　工电能新技术，2017，36（10）：46 – 54．

［13］ 王勇，李兴文，苏海博，等．基于 HCSR 的 252kV、85kA 大容量短路电流开
　　断装置开断过程仿真［J］．南方电网技术，2017 ，11（3）：39 – 45．

［14］ 程显，段雄英，廖敏夫，等．混合断路器大电流开断过程中真空电弧与 SF_6 电
　　弧相互作用的仿真［J］．高电压技术，2012，38（6）：1529 – 1536．

［15］ 程显，廖敏夫，段雄英．基于真空灭弧室与 SF_6 灭弧室串联的混合断路器动态
　　介质恢复特性研究［J］．电力设备自动化，2012，32（5）：68 – 73．

［16］ 程显，段雄英，廖敏夫．真空灭弧室与 SF_6 灭弧室传亮的混合断路器开断容量
　　增益特性分析［J］．真空科学与技术学报，2012，32（3）：201 – 207．